KB018280

조선패션본색

조선패션본색

채금석

우리가 지금껏 몰랐던
한복의 힙과 멋

지식의편집

〔 서문 〕

그때 그녀들의 이야기

딸, 또 딸, 그리고 세 번째 딸!

조선시대 대제학, 판서, 영의정, 좌의정, 그리고 예조참판을 지내신 희암공, 영·정조 시대 영의정으로 대업을 이루신 번암 채제공 어른이 우리 채씨 가문을 빛낸 선조들이시다. 종갓집 맏며느리로 들어온 어머니는 1년에 13번씩 제사 음식을 차리셨다. 가문의 대를 이을 아들을 애가 타게 오매불망 기다리시던 어머니는 연이은 딸에 세 번째도 또 딸이자 갓 태어난 애를 젖도 물리지 않은 채 차디찬 윗목으로 밀쳐내시고 펑펑 눈물을 쏟으셨다고 한다. 내게 세상과의 만남은 이렇게 시작되었다.

아버지는 남동생을 보라고 아들에게만 쓰는 돌림자 '석'을 넣어 내 이름을 지어주셨다. 그래서 내 이름은 이제 금今, 주석 석錫, '금석'이가 되었다. 그리고 나는 남동생을 본 효녀가 되었다.

아들! 딸! 남자, 그리고 여자란 무엇인가? 왜 성별의 문제가 이토록 흔하게 여성 인생사에 발목을 잡아왔는가? 이 모두가 우리 할아버지들께서 가문의 위세를 떨치셨던 조선시대에서 시작되었다. 조선을 지배한 유교 이념은 남녀유별을 강조했고 이는 조선 여인들의 생활 환경과 복식에 직접적인 영향을 미쳤다.

복식은 옷과 장신구를 말한다. 오늘날의 패션이다. 패션은 그 시대를 대변하는 상징물이다. 당대를 살아가는 사람들의 마음, 철학, 정치, 경제, 예술 전반을 반영하는 문화적 상징이 바로 옷이요, 장신구다. 흔히들 전통 복식을 규격화된 유니폼처럼 일정한 틀 속에 가두는 경향이 있다. 하지만 시대가 변하면서 사람들의 의식과 기호 또한 달라지고 이에 따라 한복의 모습도 끊임없이 변화해왔다. 그래서 패션인 것이다.

세계적으로 그 아름다움과 우아함으로 뜨거운 관심을 받고 있는 한복! 수천 년을 이어온 '한복'은 적어도 고려까지는 남녀 구별이 없었다. 조선시대에 와서 남녀 스타일이 구분되기 시작하였다. 왜일까? 한복에 당대 사회를 지배하던 유교 이념이 반영되고 이에 대한 수용과 저항의 역사가 새겨졌기 때문이다. 수천 년 한복의 역사를 조선 6백 년으로 규정지을 수는 없다. 그럼에도 조선의 한복에는 많은 사연이 있다.

그때 그녀들의 이야기, 조선시대 여인들의 인생 애환 속에서 빚어진 옷과 장신구 이야기를 하고 싶었다. 그리고 그 속에 담긴 한韓문화, 그 DNA의 본질에 대한 담론을 펼치고자 하였다.

전통은 아름답고 소중하다. 아름다운 전통을 복원, 재현하고 전승하는 것은 더 소중한 일이다. 그리고 우리의 아름다운 전통에 담긴 한韓, 그 정신의 본질을 터득하는 것은 더더욱 중요하다. 그래야만 진화된 창조의 싹이 움틀 수 있기 때문이다. 이는 바로 우리 문화의 품격으로 이어진다.

한국문화는 스타일과 멋으로만 평가될 수 없다. 그 속에는 20세기 현대과학과 예술의 본질에 닿아있는 한국의 정신이 있다. 밀라노의 예술가들이 "한국 전통을 현대화하려 애쓰지 마라, 그 자체로 이미 현대적이다."라 극찬한 이유를 이 책을 통해 이해할 수 있으리라. 우리가 몰랐던 우리의 실체를 만날 수 있으리라.

엄하고 완고하신 아버님께서는 조선 말 고종황제, 순헌황귀비가 세우신 숙명여대에 진학하지 않으면 등록금을 주시지 않겠다고 선언하셨다. 숙명여대의 전신인 숙명여전은 기예과(현 의류학과)로 시작되었고 조선 말, 일제강점기에 조선 여성들의 기예문화의 산실이었다. 환영받지 못했던 셋째 딸은 아버지의 엄명에 따라 그곳에서 자신의 가치를, 존재를 증명하기 위해 치열하게 노력해 수석 졸업장을 아버님께 바쳤다.

이제 채씨 문중 종손 남동생을 대신해 셋째 딸이 시제의 초헌관으로 조상님들께 술잔을 올린다. 세상이 변한 것이다. 아니 세상은 분명 변했음에도 아직도 우리 사회의 성별에 따른 불편한 진실들은 현재진행형이다. 나 자신의 존재 가치를 사회적 억압과 타인의 강압으로 폄하하는 것은 슬픈 일이다.

한복을 배우고 연구하며 한복을 짓던 여인들의 마음을, 그녀들의 정신을 만났다. 그리고 그녀들이 한복에 담고 있는 우주와 대자연의 이치를 보았다. 조선의 여인들은 교육에서 배제되고 사회에서 격리된 규방이라는 공간에서 자신의 창조성을 찾아 이를 예술 작품으로 구현하고 대자연 우주의 이치를 품은 정신세계를 가꿔나갔다. 유교 사회의 억압된 삶에서도 정절과 예지, 피땀의 근기로 빚어낸 복식, 공예로 조선시대 경제를 일구어냈다. 그리고 조선 여인들의 후예들은 오늘날 패션을 비롯한 다양한 세계 산업 현장에서 그 근기를 이어가고 있다.

한복은 우리 모두의 전통이다. 하지만 아름다운 우리의 전통이 규정화된 이미지로 소화되는 모습이 안타깝고 불편하였다. 이에 우리 복식이 품고 있는 현대적이고 과학적인 세계를 보여주고 싶었다. 문화의 창조성과 진정한 계승은 그 철학과 정신에서 나온다고 믿는다.

이 책을 위해 소중한 작품의 수록을 기꺼이 허락해주신 무형문화재 기능장 선생님들과 작가님들, 제자 김소희 교수, 양예은에게 진심으로 감사의 마음을 전한다. 그리고 이 책의 아이디어를 준 딸 윤서에게 사랑을 전한다.

2022년 10월,

채금석

차례

三　조선패션명품

四　한복본색

一

한복여성소사

〔 한복여성소사 〕

조선은 남자들의 나라였다.

조선 여성의 삶의 역사는 인간으로서의 지성과 감정을 빼앗기고 생존을 위한 도구로 내몰린 수난의 잔혹사였다. 가난한 집안의 노동력이자 인신 조세였고 기운 집안의 벼슬을 사는 뇌물로 재산 밑천이었다. 시집가기 전에는 아버지를 모시며 집안일을 도왔고, 시집가서는 남편을 하늘처럼 섬기고 아이들을 키우며 가계를 책임졌으며, 늙어서는 아들을 따르고 의지해야 했다. 삶의 단계별로 그녀들이 겪었던 그 수난의 다과多寡를 가늠할 수 있다. 조선시대 여성은 노동력으로, 성적 대상으로 착취당했고 인간으로서 최하위 취급을 받았다. 남성 사회의 필요에 따라 매매도 가능한 살아있는 '물건'이었다.

복식-패션의 역사는 그 행간을 살펴야 이해할 수 있다. 조선 패션은 그냥 보기 좋아서 입고 이어져 온 것이 아니라 유교라는 시대적 이데올로기가 만들어낸 시각적 결정체이다. 조선을 지배한 유교적 관념은 조선 여성들의 옷차림에 그대로 스며들어 있다. 그 시대의 지배 이념, 유교는 조선 여성들의 삶을 쇠사슬로 꽁꽁 묶어버린 굴레였다. 그 굴레 안에서 조선 패션은 한편으로는 절제된 소박함으로, 다른 한편으로는 요염한 관능미로 이중 잣대로 평가받고 있다.

조선 빈민가의 서민들은 자신의 딸을 세금으로 나라에 바치는 인신 조세라는 서글픈 제도 속에서 살았다. 나라에서 구휼미로 배급받은 쌀을 제때 갚지 못하면 딸의 몸값으로 대신하는 일은 당시 흔한 일이었다. 또 집안 가장이나 아들의 관직을 위해 딸을 기생집에 팔아넘기기도 했다. 이렇게 딸들은 세금으로, 때로는 죄를 면하거나 관직을 사기 위한 뇌물로 집안의 자산이었다. 조선의 딸들은 인권이라는 개념도 없던 시절, 이런 인신매매의 악습 속에서 자신을 지켜가야 했다.

고종 31년 당시 총인구 1,200만에 약 110만 명이 노비였다고 하니 약 10퍼센트가 노비였던 셈이다. 법령으로 노비 제도를 폐지한 갑오개혁 이후, 본격적으로 노비가 해방되기 시작한 것은 1900년대 들어서였다. 지금처럼 적법하게 노동력의 대가를 누리는 삶은 이로부터 불과 100년 남짓밖에 되지 않는다.

근대화 시기까지도 제대로 생활 대책을 마련하지 못한 해방 노비들의 유일한 밑천은 경제 가치로 값이 매겨진 그들의 딸이었다고 한다. 아비를 섬기는 것이 법도라는 유교 이념은 그 아비를 섬기는 딸은 팔려가게 두었다. 이 악습에서 유교가 내세우는 도덕적 가치는 무엇이었던가!

1920~30년대 신문에는 중국인들에게 딸을 팔았다거나, 딸이 인신매매로 팔려갔다는 기사가 사흘에 한 건 꼴로 보도되었다. 한국의 여자들이 중국에 팔려가는 슬픈 일들은 지금도 이 하늘 아래 철조망 저쪽 체제에서는 여전히 일어나고 있는 기막힌 현실 아닌가! 일제강점기에 밀정으로 유명했던 배정자도 아버지의 지은 죄를 면하기 위해 밀양의 관기로 팔렸던 소녀였다.[1]

일제강점기에 한국으로 건너온 일본인들은 전당포를 독점해 가난한 한국인들의 아내나 딸을 담보로 돈을 빌려주었고, 이를 갚지 못하면 저당 잡힌 여자들을 성노예나 고용살이 또는 홀아비 일본인에게 팔아버렸다. 그렇다면 조선에서 개화기까지 이어진 여성들의 수난은 과거 조선의 어떤 사회적 환경 속에서 파생되어 온 기막힌 상황인가? 또 그로부터 불과 100년 남짓한 오늘날 현대 여성들의 사회적, 정치적, 경제적 가치를 인정하는 자유민주주의 사회의 성립은 조선 여성 수난사에 비춰볼 때 어떤 중요한 의미가 있는가? 이는 시대의 중요한 현실이자 패션의 중요한 현실이다. 패션은 그 시대의 철학, 사회, 정치, 경제, 예술이 반영된 표상으로서 시대 문화를 대변한다. 한복은 단지 옷이 아니라 조선 여인들의 삶의 지혜와 사회적 욕구, 아름다움에 대한 본능적 욕망 등을 담고 있는 중요한 역사이자 문화이다.

조선 여성들은 효孝와 예禮를 숭상하는 유교 삼강오륜의 법도 아래 남녀유별, 부부유별, 칠거지악이 가하는 차별적 제약으로 고통스럽고 열악한 환경 속에서 살았다. 그러나 그녀들은 담장 속 '규방'으로 일컬어지는 한정된 공간에서 경제적 책임을 다하며 자신들의 세계를 가꿔 '삶'의 의미를 이어가고, 한국을 대표하는 예술의 장을 펼쳐내었다. 그것이 바로 오늘날 사라져가는 희미한 전통의 그림자 속에 그 맥을 이어가는 '규방 공예'라는 문화유산이다. 세계적으로 주목받는 가장 한국적인 문화유산으로 한국 여성의 창의력과 예술성을 보여준다. 이는 우리가 잇고 보존하고 재창조해야 할 의미와 가치를 지닌 한국의 중요한 전통문화이다.

여성들이 창조하고 꽃피워 이어온 규방 예술은 오늘날 재창조되고 재해석되어 21세기 미래 가치로서 그 잠재력이 무한하다. 담장 속 '규방'에 갇힌 채 그들만의 문화를 일구어낸 그 역사의 저변에는 당대 조선 사회를 지배한 '유교'라는 이념적 규범에 순종하면서도 저항한 조선 여성들의 지혜와 근기, 그리고 철학이 있었다.

상투와 댕기

남자는 하늘, 여자는 땅

삼추가연 | 신윤복

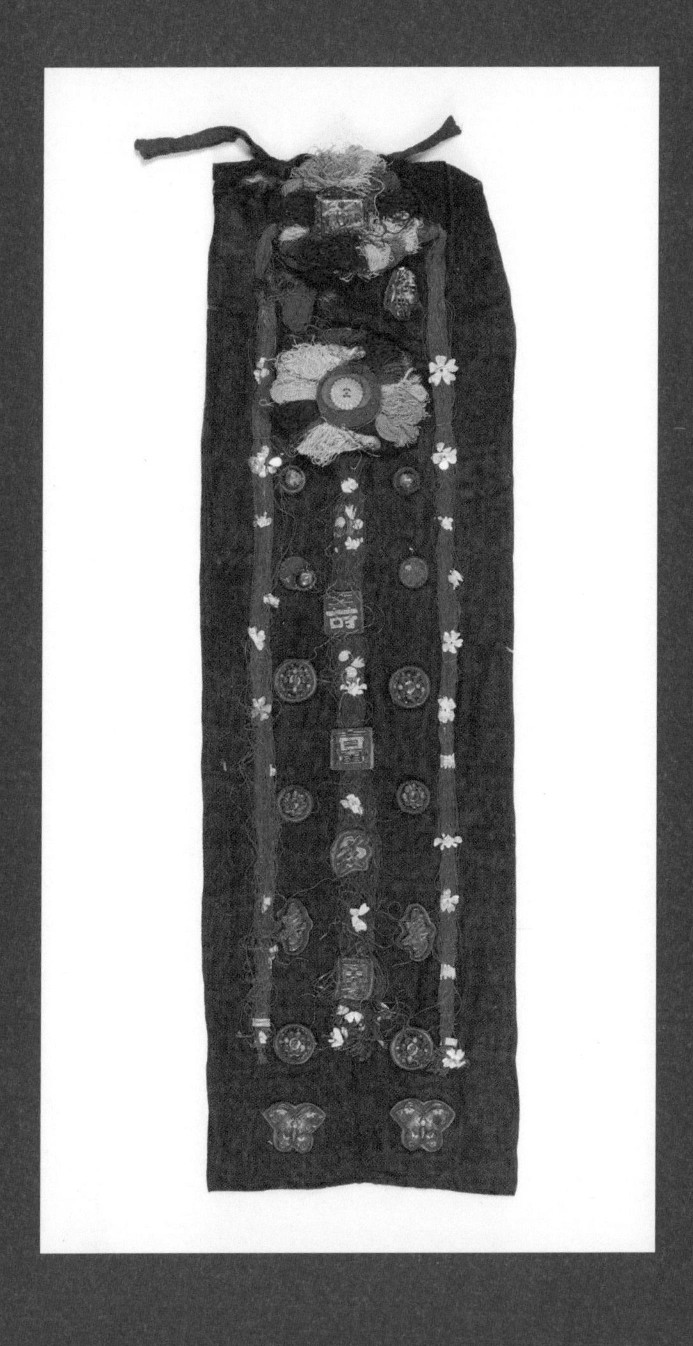

도투락댕기 | 국립민속박물관

고이댕기 | 국립민속박물관

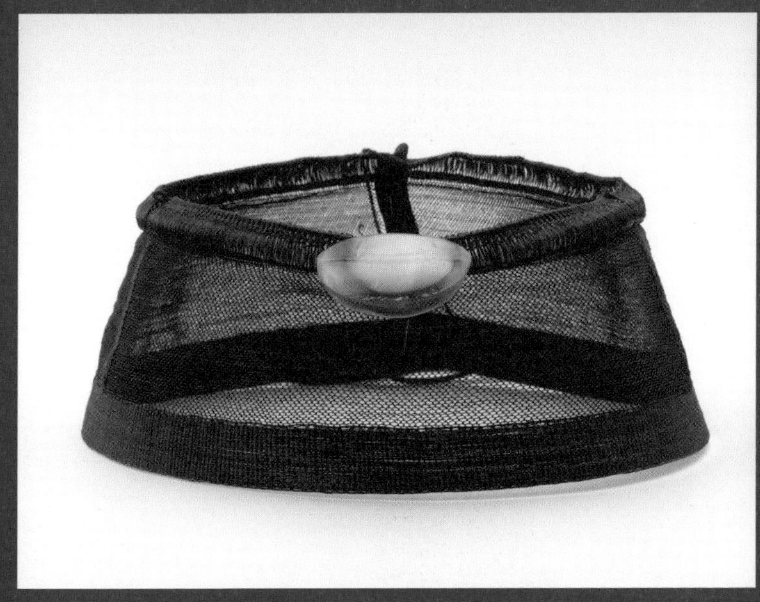

(위)망건(46회 대한민국전승공예대전 장려상) | 차연정
(아래)바둑탕건(46회 대한민국전승공예대전 대통령상) | 김경희

생활 전반에서 남녀유별로 여자들을 통제했던 조선 유교 이념은 머리 모양에서 그 구분이 확연해진다. 고대 경천敬天사상에서 비롯된, 보다 하늘에 가까워지고자 하는 염원의 상징적 표현이라 할 수 있는 남자의 상투머리, 여자의 올림머리는 내외법內外法을 내세운 조선에 와서 변화되었다.

하늘을 향해 솟은 남자들의 상투머리는 고대부터 조선까지 그대로 이어졌지만 하늘을 향한 여자들의 올림머리는 없어지고 모두 땅을 향해 아래로 드리운 쪽머리, 댕기머리로 변했다. 가히 남자는 하늘, 여자는 땅이라는 남녀유별의 상징적 의미를 머리 모양으로 확연히 구분해서 나타낸 것이다.

상투

상투란 미혼 남자가 결혼 후 땋은 머리를 풀어 빗어 올려 정수리에서 틀어 높이 세워 묶는, 성인 남자의 대표적 머리 모양을 말한다. 상투머리는 거슬러 올라가면 고조선부터 이어지는 혼인한 남자의 전통적인 머리 모양으로 '추계椎髻'라고 하였다.

고대 사람들은 '신'과 같은 초월적 존재는 천상에 거주한다고 믿었고, 하늘에 닿기를 염원하여 인간의 신체에서 가장 높이 있는 머리를 정수리에서 모아 긴 띠로 감아 매고 다시 이를 비틀어 돌려 상투 모양을 만들었다.[2] 삼실총, 무용총, 각저총 등 고구려 고분벽화에 그려진 다양한 남녀 인물들에게서 상투머리를 찾아볼 수 있다. 벽화에 나타나는 상투는 크고 작은 둥글게 올린 모양인데 쌍상투도 있다.

조선시대는 초상화나 풍속화를 통해 다양한 계층의 상투를 튼 모습을 볼 수 있다. 윤두서의 그림 〈짚신삼기〉에도 맨상투의 서민 남자가 짚신을 만들고 있는 것을 볼 수 있다. 상투머리는 부모에게 물려받은 신체를 훼손하지 않는 것이 효도의 시작이라는 유교의 가르침과도 관련이 있다. 상투를 틀 때는 '배코 치다'라 하여 정수리의 주변머리를 깎아내고 나머지 머리만을 빗어 올려 튼다.[3]

조선 중기 이후에는 조혼 풍습이 퍼지면서 10세 안팎의 소년이 관례를 치르고 상투를 틀어 올리기도 하였다. 조선 사회에서는 혼인

1 고구려 안악3호분 묘주부부상(부분)_올림머리
2 고구려 각저총 씨름도_상투머리

한 사람과 하지 않은 사람 사이에 엄격한 차별을 두어 어린아이라도 결혼을 하면 상투를 틀고 성인 대접을 받았고, 나이가 많아도 혼인하지 않은 사람은 하대를 하였다. 그래서 혼인한 것처럼 보이려고 상투를 틀기도 하였는데 결혼하지 않고 상투를 트는 것을 건상투라고 하였다.

상투 꼭지에는 장식을 위해 금, 은, 동 등으로 만든 동곳을 꽂았고 머리카락이 흘러내리지 않게 이마 둘레에는 망건網巾을 썼다. 망건 앞이마 부분에는 갓을 고정하기 위해 풍잠風簪을 달고, 그 위에 다양한 관모를 썼다. 서민들은 망건 대신 수건을 동이기도 하였다.

1895년 11월 고종이 "국민들에 앞서 내가 먼저 단발하니 백성들은 내 뜻을 받들어 만국과 병립할 수 있는 대업을 이루게 하라."라는 단발령을 내려 공식적으로 상투를 자르게 하였다. 고종의 단발령에도 불구하고 많은 선비들은 손발을 자를지언정 머리카락은 자를 수 없다고 분개하며 강하게 반발하였다. 1910년 국권을 상실한 후 전국적으로 단발이 시행될 때까지 상투의 풍습은 계속되었다.

댕기

조선의 여인들은 옷으로 몸단장을 마치면 그 맵시를 한층 더하기 위해 다양한 머리 장식을 하였다. 댕기는 머리카락을 묶거나 장식하기 위해 직물로 만든 기다란 직사각형의 띠로 땅을 향해 땋은 머리끝에 드리운다. 고대 하늘을 향해 높이 올림머리를 하던 풍습과는 반대로 아래로 땅을 향한 머리형에서 조선의 유교적 관념을 엿볼 수

1
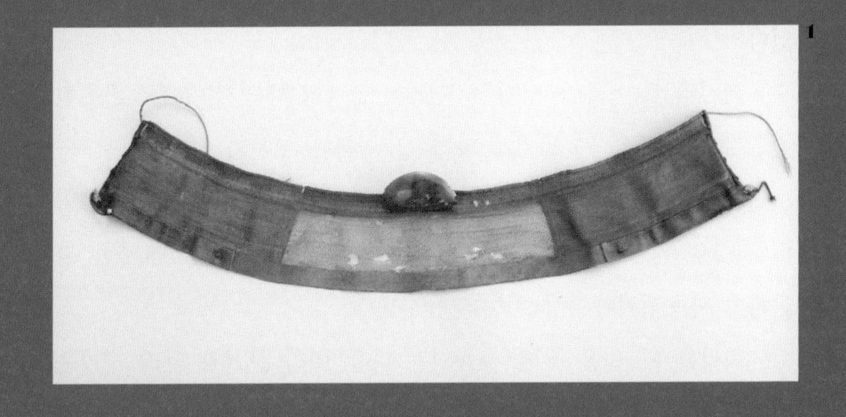

2
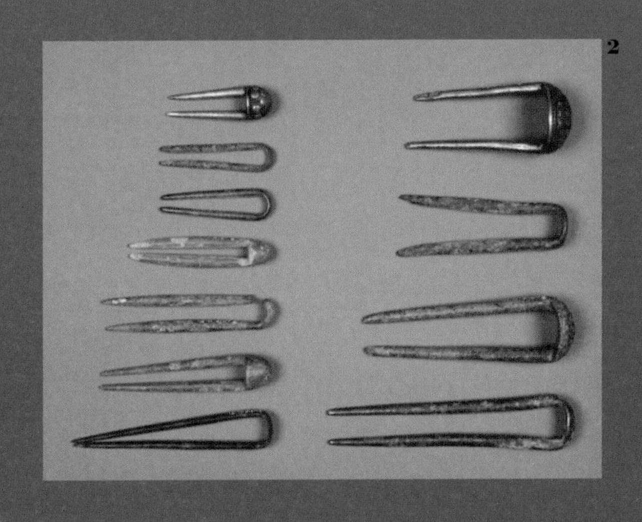

1 망건　2 동곳

있다.

댕기의 옛 이름인 '당기'는 '머리를 당기다.'라는 의미에서 비롯된 것으로 머리를 묶는 위치에 따라 그 형태나 크기가 다르다. 댕기는 조선시대의 다양한 머리 장식 가운데 금속이나 보석류가 아닌 유일한 직물로 된 대표적인 머리 장식으로 남녀노소, 신분의 상하를 불문하고 사용되었다.

머리를 다 빗은 후에 사용되는 다른 머리 장식과 달리 댕기는 머리를 빗는 과정에서부터 머리 모양을 완성하는 데까지 사용된다. 이는 미적 효과만을 위한 다른 머리 장식품들과 달리 댕기는 예禮를 갖춘다는 의미에서 시작되었기 때문이다.[4]

댕기는 삼국시대 이전부터 '단기檀紀'라고 불리며 땋은 머리를 끈이나 천을 이용해 결발結髮, 상투를 틀거나 쪽을 찌는 것, 또는 그런 머리 모양한 것에서 유래했다고 전해진다.[5] 단군 원년에 "나라 사람들에게 편발編髮, 뒤로 묶어 길게 땋은 머리과 개수蓋首, 머리카락을 길게 땋아 머리 위에 얹은 모양하는 법을 가르쳤다."는 기록에서[6] 고조선부터 이미 머리를 땋았음을 알 수 있다. 또한 "삼한의 부인은 쟁반 모양으로 둥글게 얹은 머리에 모두 아계鴉髻을 찌었고 남은 머리는 허리까지 길게 늘어뜨렸다."라는 기록으로[7] 삼국시대 이전부터 머리를 빗어 모양을 만들었음을 알 수 있다. 여기서 '아계'란 둥글게 얹는 윗머리를 좌우로 갈라 양쪽으로 얹은 형태로 쌍상투형 머리를 말한다.[8] 또한 고구려 벽화를 보면 머리 모양을 고정하고 장식하기 위해 댕기와 유사한 머리 장식을 이미 그때부터 사용했음을 알 수 있다. 이러한 댕기가 직사각형 천을 접어 긴 띠로 만들어진 것은 우주를 비틀어 휘어 도는 기氣의 움직임으로 보는 한국 고유의 정신세계를 상징하는 것이라고 할 수 있다. 또 머리를 세 가닥으로 갈라 비틀어 돌려 엮어 땋는 것 역시 같은 맥락으로 이해할 수 있다.

댕기는 용도나 연령에 따라 모양이 다양한데 먼저 궁중에서 궁녀들이 사용했던 네 가닥 댕기, 팥잎댕기 등이 있고 예장용으로는 떠구지댕기, 매개댕기, 도투락댕기, 앞댕기, 뒷댕기, 고이댕기, 드림댕기, 앞줄댕기 등이, 일상용으로 쪽댕기, 도투락댕기, 말뚝댕기, 제비부리댕기, 배씨댕기, 목판댕기 등이 있다. 어린아이들은 배씨댕기, 말뚝댕기, 제비부리댕기, 도투락댕기 등을, 미혼 남녀는 제비부리댕기를 사용하였다.[9] 모두 기다란 직사각형 구조이다.

댕기

기혼 여자들은 쪽머리를 만들기 위해 쪽댕기를 사용하였는데 쪽머리란 북계北髻, 후계後髻, 낭자娘子머리라고도 하며 머리를 땋아 쪽댕기를 하고 머리 뒤쪽으로 틀어 비녀를 꽂는다. 댕기의 색으로 젊은 부인은 붉은색, 중년은 자주색, 노인은 짙은 자주색, 과부는 검은색, 상제는 흰색을 주로 사용했다. 남편이 살아있는 부인은 아무리 나이가 많아도 붉은색을 사용했으며, 과부는 아무리 나이가 어려도 검은색 댕기를 드렸다.[10] 댕기에는 수복壽福, 부귀富貴, 다남多男 등을 상징하는 문양이나 문자를 화려하게 금박하거나 자수로 장식하여 조선 여인들의 염원을 담았다.

1895년 단발령 이후 댕기 착용은 줄어들기 시작하였다. 일제강점기에 애국심의 표현으로 여학생들 사이에서 한복 착용이 늘어나면서 땋은 머리와 자주색 댕기를 드리우기도 했으나 이후 서서히 사라졌다.

다양한 머리 장식

"신라 부인들은 머리를 땋아 동이고 갖가지 비단과 구슬로 장식했다"는 기록이 있고[11] 유물로는 백제 무령왕릉에서 출토된 왕비의 금으로 만든 뒤꽂이가 있다. 고구려 벽화에서도 여인들이 머리띠 같은 것으로 머리를 동이고 댕기 같은 천을 이용해 머리를 치장한 것을 볼 수 있다. 통일신라 흥덕왕 복식금제服飾禁制, 사치를 금하고 옷으로 신분을 구별하기 위해 생긴 제도에서 장식 빗과 비녀의 사치를 금한 기록을 보면 당시에도 머리 장식이 매우 호사로웠음을 알 수 있다.

조선 여성들도 댕기 외에 다양한 장식품으로 머리를 꾸몄다. 영·정조 시대를 거쳐 순조 대에 이르러 서민들에게도 궁중 양식이던 쪽머리가 허용되어 비녀와 뒤꽂이 등을 사용할 수 있게 되었다.[12] 상류층들은 첩지, 떨잠 등으로 머리를 꾸몄고 왕비들이 사용하던 용잠龍簪, 용비녀은 혼인날에만 서민들에게 허용되었다.

1) 비녀

비녀는 쪽머리에 사용하는 장신구로 쪽 찐 머리가 일반화되면서 조선시대 대부분의 여성들이 사용하였다. 비녀의 재료는 금, 은, 백동, 놋, 진주, 옥, 비취, 산호, 나무, 대나무, 뿔 등 다양했고 사용된 재료로 신분을 구분하기도 하였다. 상류층은 주로 금, 은, 옥비녀를 사용하고 서민들은 나무나 뿔비녀를 사용했다.

2) 첩지

영조 이후 얹은머리 대신 쪽머리를 하거나 족두리를 권장하면서 생겨난 것이 첩지인데, 조선 여성들의 특수한 머리 장식 중 하나이다. 왕비를 비롯한 내외명부內外命婦가 쪽머리 가르마에 얹어 치장하던 장신구로 궁중에서는 쉽게 신분을 구별할 수 있도록 평상시에는 항상 착용하고 잠자리에서만 풀도록 하였다. 사대부 여인들은 예복에만 사용하였고 족두리가 흘러내리지 않도록 고정하는 역할도 하였다. 일반 서민들은 혼례 때 족두리나 화관을 써야 할 경우에만 첩지를 사용했다.

3) 떨잠

떨잠은 왕비를 포함한 상류층 여성들이 큰머리나 어여머리에 꽂던 머리 장식이다. 나비형, 둥근형, 사각형 등 다양한 형태의 옥판에 칠보나 진주, 산호, 청강석 등으로 장식하였다. 떨잠의 끝에 용수철을 달아 움직일 때마다 흔들리는, 금이나 은으로 만든 떨새를 달았는데 이른바 조선의 키네틱kinetic 패션이라 할 수 있다.

키네틱은 물리학 용어로 '운동의' 또는 '활동적인·동적인'이란 뜻으로, 키네틱 아트는 서양에서 1950년대 후반 이후 활발해진 '움직이는 예술'을 의미한다. 즉 작품 자체가 움직이거나 작품 속에서 움직이는 부분을 표현한 예술 작품을 키네틱 아트라 하는데 조선시대 이미 용수철을 이용해 머리의 움직임을 따라 떨새가 움직이도록 한 떨잠은 조선 여인들의 뛰어난 예술 감각을 보여준다.

4) 뒤꽂이

뒤꽂이는 쪽 찐 머리 뒤에 위아래로 덧꽂는 비녀 이외의 장식품으로 장식적이면서도 실용적인 귀이개, 빗치개 등이 있었다. 양반이나 서민 등 신분에 따라 재료나 꾸밈이 달랐다. 비녀와 같이 갖은 패물을 쓰기도 했으나 서민은 주로 은에 칠보를 한 실용성을 겸한 뒤꽂이를 서너 개 써서 머리를 장식했다.

1 꽃비녀 2 떨잠 3 첩지 4 뒤꽂이 5 매죽잠 앞머리(부분)

가체

조선 럭셔리

큰머리 여인 | 김홍도

가체 | 국립민속박물관

가체加髢는 머리숱이 많아 보이기 위해 땋은 머리를 덧넣어 얹은 머리를 말한다. '다래' 또는 '다레'라고도 하나 표준어는 다리이다.

한국의 경제 성장을 가속화한 촉매제로 가발 산업을 빼놓을 수 없다. 1970년대 한국 가발의 품질은 세계 최고였으며 이는 한국 경제 부흥에 크게 기여했다. 한국 가발 산업의 역사는 조선시대에서 그 단초를 발견할 수 있다.

조선시대에 가발은 다리月子라 하였다. 다리를 많이 얹어 머리숱을 부풀리는 덧붙인 머리, 가체는 조선 후기 2~3백 년의 전통을 가진 당대 여성들을 대표하는 패션이었다. 가체의 역사는 고대시대까지 거슬러 올라간다.

『삼국지』에 삼한 사람들은 남녀 구분 없이 모두 길고 아름다운 머리를 하고 있다는 기록이 있다. 삼한 부인들의 얹은머리나, 고구려 벽화에 보이는 고리 모양의 가발을 한 개 이상 머리 위로 틀어 올려 장식한 올림머리, 그리고 땋은 머리를 머리 위로 쌍으로 둥글게 틀어 올린 백제의 쌍계雙髻 등을 보아 다양한 올림머리에 가체를 사용했음을 짐작할 수 있다. 신라 여인들 역시 머리를 땋아서 감아올리고 구슬과 비단으로 장식하였는데 그 머리가 매우 길고 아름다웠다고 기록되어 있다.[13]

이렇게 별도의 가발을 땋아 머리에 둘러 얹는 가체 풍습은 고대에서 고려, 조선으로 이어지며 여성 아름다움의 절대 조건이 되었고 이로 인한 사치는 극심하였다.

조선 후기 실학의 등장과 함께 서민 사회를 이끌어간 상공업의

1

2

1 다리　2 큰머리 장식

발달은 여성들의 무절제한 소비문화를 부추기는 단초가 되었다. 당시 지배 계층을 중심으로 권력이나 지위, 부富를 과시하려는 욕구에서 비롯된 사치 풍조는 조선 후기 사회의 상업화, 도시화로 일반 서민들에게까지 퍼져 나갔다. 사치는 인간의 욕망을 과시적으로 표현하는 현상으로 복식-패션에서 시작하기 마련이다. 조선의 가체는 당시 유교의 엄격한 신분제와 남녀유별에 짓눌려 있던 여성들의 갈증을 풀어주는 돌파구이기도 했다.

사대부집 부녀자들의 높고 거대한 얹은머리는 부와 권력을 상징하였기 때문에 머리 치장에 가산을 탕진하는 일들이 빈번해졌다. 사대부 부인들은 한 번 가체를 하는데 몇백 냥씩 쓰는 등 점점 다리를 많이 얹어 높고 화려하게 치장하였다.[14] 가체는 그 높이와 크기가 점점 거대해지며 값이 치솟아 사회 문제가 되었다.

다리를 널찍하게 비스듬히 빙빙 돌려서 형상을 만들고 여기에 웅황판雄黃版, 황색의 커다란 판, 법랑잠法琅簪, 구리에 법랑을 입힌 비녀, 진주수眞珠繻, 진주로 장식한 두터운 비단 등 갖은 보석으로 꾸며 그 무게를 거의 지탱할 수 없을 지경에 이르렀고, 결국엔 다리에 짓눌려서 목뼈가 부러지는 일도 생겼다.[15] 이때 그 크기가 얼굴의 두 배는 되었고, 그 위에 갖은 보석과 장신구로 무게를 더하니 목뼈가 부러질 만도 했을 것이다. 19세기 미인도를 보면 양손으로 받쳐 들 정도로 거대한 얹은머리 장식 가체가 유행했다는 것을 알 수 있다.

이렇듯 크고 화려한 가체가 부와 신분, 아름다움의 상징으로 여겨지면서 기녀들의 얹은머리는 궁중양식을 모방하여 더 높고 거대해졌다. 이는 일반 부녀자들에게까지 영향을 주어 사회적으로 크게 유행하였고 영·정조 대에는 급기야 가체 금지령을 선포하기에 이른다.[16]

가체의 성행에 대하여 실학자들은 '복요服妖, 복식의 요사스러움'라 비판하였다.[17] 특히 가체를 만드는 머리털을 남녀 구분하지 않는 데 대한 지탄이 컸다. 여성의 가체에 남성의 머리털을 사용하는 것이 여권 신장으로까지 여겨지기도 했으니 당대 조선의 남성우월주의 사회를 실감할 수 있다. 가체의 사치가 극에 달하자 정조 12년 10월에 가체를 족두리로 대신하게 되었다.[18]

조선 후기 가체의 사치가 극에 달하던 시기, 서양에서도 비슷한 머리 패션이 있었다. 패션에 열정적이던 마리 앙투아네트Marie Antoinette, 1755-1793 시대 프랑스에서도 귀부인들의 가발을 이용한 머리 장식이 극에 달했다. '뉴잉글랜드', '아시아'와 같은 주제로 사냥 장면이나 배 등 이상한 모형의 머리 장식에 몇 주일씩 소비하였다. 또

18C 로코코 헤어스타일

장식한 머리에 흰 밀가루를 공중에서 뿌려 분칠까지 하였다. 지금의 파우더룸powder room은 가발에 밀가루를 뿌려 분칠하는 별도의 작은 방을 가리키는 말이었다. 그야말로 광기의 패션이었다.[19] 18세기 조선처럼 서양의 귀족 여성들에게도 이렇게 가체로 거대하게 극대화한 머리 모양은 계급과 아름다움의 상징이었다.

사치는 본래 인간의 본성이다. 18세기 한국과 서양에서 동시대적으로 발생한 높고 과대한 형상의 가체 유행은 인간의 본능적인 신분 상승에 대한 욕구였다고 볼 수 있다. 가체에 담긴 전통적 귀족 계급의 과시적 사치는 시대의 전환점에서 경제력의 획득으로 새롭게 부상한 서민 사회의 신분 상승 욕구의 표현으로 이어졌다. 절대적인 남성 지배 사회에서 권력과 제도에서 배제된 동서양의 여성들이 '가체'라는 과시적인 패션으로 존재감을 드러내고자 했던 공통된 심리적 패션 현상이라 할 수 있다.

영·정조 시대에 내려진 가체 금지령 이후 가체는 궁녀에게만 허락되었다. 그러나 가체에 대한 열망이 식지 않았던 조선 여성들은 조선 말에 이르러 다시 가체로 단장을 하기 시작했다. 궁궐에 들어갈 기회가 생긴 사대부집 여인들이 이를 뽐내기 위해 궁중 스타일의 상징인 큰머리를 얹으면서 다시 유행하게 된 것이다. 개화기 여학생들 사이에서 유행하였던 트레머리틀어 얹은 머리는 조선 말의 궁중 가체에서 나온 것이라 할 수 있다.

쓰개

품격의 완성

정월 초하루 나들이 | 엘리자베스 키스

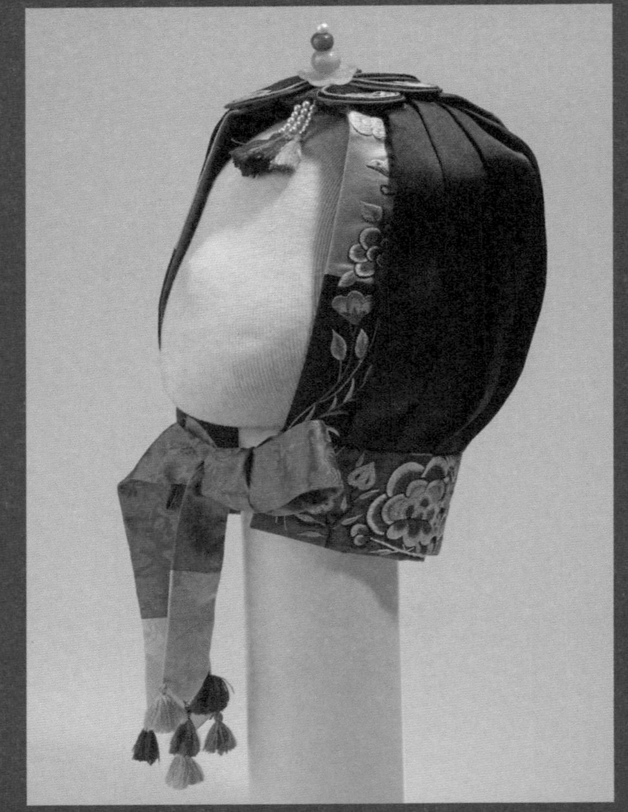

(왼쪽/오른쪽)굴레 | 김인자 | 국가무형문화재 제89호 침선장 이수자

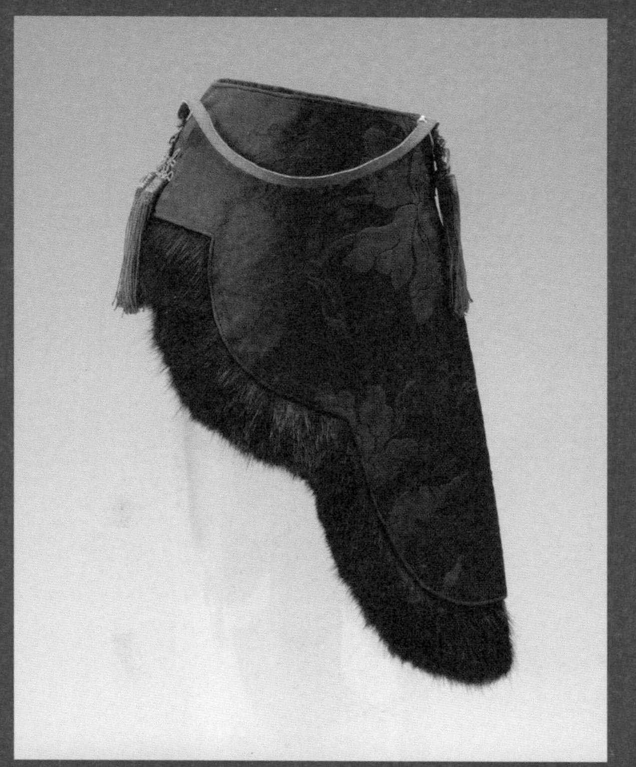

(왼쪽/오른쪽)남바위 | 국립민속박물관

조바위 | 국립민속박물관

요즘 해외에서 한국 전통 모자에 관한 관심이 뜨겁다. 오래전부터 국제 패션계에서 한국의 전통문화, 특히 한복이 주목받기 시작하더니 이제 쓰개 종류에도 시선이 쏠린 것 같다.

고대부터 우리 조상들은 남자나 여자나 머리에 관모冠帽, 모자를 썼다. 조선시대 여성들은 유교적 관습에 따라 외출이 제한되었으나 간혹 외출할 기회가 주어지면 의례, 또는 방한 목적으로 다양한 쓰개를 착용하였다.

쓰개란 머리 보호와 방한 또는 치장이나 의례에서 격식을 갖추기 위해 머리에 쓰는 것으로 지금의 모자이다. 머리를 보호하기 위한 두의頭衣였으나 점차 장식, 신분의 표식과 상징 등의 목적으로 다양한 형태로 발전하였다. 특히 예를 중시하는 조선 유교 사회에서 쓰개는 품격을 갖춘 옷차림을 완성하는 매우 중요한 요소였다.

쓰개는 크게 추위를 막기 위한 방한용 모자인 난모계暖帽系 쓰개와 유교적 생활 규범에 따라 외출 시 몸과 얼굴을 가리기 위해 착용하는 내외용 쓰개로 나뉜다.

방한용 쓰개

상류층들이 주로 착용한 방한용 난모는 조선 후기에 서민 남녀 모두에게 일반화되었다. 방한용 여성 쓰개로는 아얌, 조바위, 남바위, 굴레, 풍차 등이 있다.

1) 아얌

아얌은 조선시대 부녀자들의 방한용 모자로 정수리가 뚫려 있고 뒤쪽에 넓고 긴 댕기 모양의 드림 천을 늘어뜨린 것이 특징이다. 남자들의 방한용 귀마개 이엄耳掩의 한 종류로 조선 초기에는 남녀 모두 착용하다가 후기로 가면서 서민 부녀자들이 주로 착용하였다. 이엄은 원래 귀까지 덮는 것이었으나 아얌은 귀를 내놓고 이마만 덮기 때문에 액엄額掩이라고도 불렀다.

2) 조바위

조바위는 조선 후기 아얌이 사라지면서 서민부터 양반까지 가장 널리 사용한 쓰개이다. 주로 양반집 부녀자들이 장식을 겸하여 외출할 때 착용했으며 의례에서 예복을 갖추지 못했을 때는 조바위를 쓰고 절을 하기도 하였다.

보통 정수리가 뚫려 있고 귀와 뺨을 가릴 수 있게 양옆이 둥근 모양으로 되어있다. 이마 위에는 금이나 은, 비취, 옥 등으로 장식하거나 수壽, 복福 등의 글자를 수놓기도 하였다.

3) 남바위

방한모 중 가장 오랜 역사를 가진 남바위는 머리 위가 뚫려 있고 이마와 귀, 목덜미를 덮는 형태로 남녀노소 모두 착용한다. 조선 초기에는 상류층에서 일상복에 사용하다가 후기에 와서 서민층으로 확대되었다.

겉감은 주로 검정 비단을, 안감은 검정, 초록, 적색 등의 비단을 사용하고 가장자리에는 검정, 짙은 밤색 등의 모피를 달고 술은 주로 화려한 분홍이나 진분홍을 사용하였다. 나비, 봉황, 국화 등의 길상吉祥 문양을 금박하는 등 다양하게 장식하여 매우 호사스럽다. 아이들의 장식용 쓰개로 돌 때 많이 써서 '돌모자'라고도 하며 주로 4~5세까지의 남녀 어린이가 착용했다.

4) 원형, 사합, 육합 모자

조선 전반기 모자는 원통형, 사합모형, 육합모형 등 그 형태가 다양하다. 사합모나 육합모는 각기 삼각형 천 4조각, 6조각을 잇고 밑변에는 긴 직사각형의 윤대輪帶, 돌려 감는 긴 띠를 두르는 형식으로 만들었다. 또 정수리에 끈이 달린 것도 있다. 특히 16세기에는 머리둘레 반지름 길이를 가로로 하고 얼굴보다 긴 직사각형 천을 세로로 맞대어 봉제선이 앞뒤로 머리 중심에 오도록 바느질하고, 이마 부분은 개방하여 좌우로 젖히고, 상단 모서리 전후를 접어 윗부분을 꿰매어 정수리를 막은 모자도 있다.

5) 풍차

풍차風遮는 조선시대 방한용 모자의 하나로 남바위와 그 형태가 비슷하다. 옆은 귀를 덮게 되어있고 뒤에서 보면 삼각형이다. 남바위와 달리 귀와 뺨, 턱을 가리는 볼끼를 턱 부분에 아예 붙여 달았고 춥지 않을 때는 뒤로 젖혀 끈으로 매어두었다.

초기에는 양반 계급에서 주로 썼으나 점차 서민들까지 착용 범위가 넓어졌다. 겉감은 주로 검정, 자주, 남색 단을, 안감은 남색, 녹색의 비단을 넣어 만들며 가장자리는 검정이나 밤색의 토끼나 여우털로 둘러 장식한다. 풍차 앞뒤에는 봉술을 달고 산호, 비취 등으로 장식하였다. 풍차는 조선 말까지 이용되었으나 개화기가 되면서 남바위를 더 많이 썼다.

6) 굴레

굴레란 방한과 장식을 겸한 쓰개로 조선 후기 상류층 가정에서 돌쟁이부터 4~5세 남녀 어린이가 주로 사용했다. 주로 돌을 맞이한 아이가 쓴다 하여 '돌모자'라고도 하며 요즘도 돌잔치에서 많이 착용한다. 일반적인 형태는 정수리 모부帽部가 세 가닥 또는 여러 가닥의 가늘고 긴 끈으로 얽어져 있고, 그 밑에도 역시 여러 가닥의 넓고 기다란 댕기를 드리웠다. 여러 가닥으로 얽어 만든 형태로 보아 방한보다는 장식용으로 사용되었음을 짐작할 수 있다. 이렇게 가늘고 긴 끈이 댕기 외에도 각종 장신구에 다양하게 사용되었다.

굴레는 지역에 따라 형태가 조금씩 다른데 서울에서는 세 가닥, 개성에서는 아홉 가닥으로 만들었다. 가닥마다 색을 달리하여 수놓거나 금박으로 장식성을 더했다. 뒤쪽에는 도투락댕기를 달고 정수리 부분은 구슬이나 보석 등으로 장식하기도 하였다. 남아용 굴레는 맨 앞선과 굴레 허리를 남색으로, 여아용 굴레는 자색으로 하기도 하는데,[20] 이는 음양오행陰陽五行을 따른 것이라 한다. 어린이용으

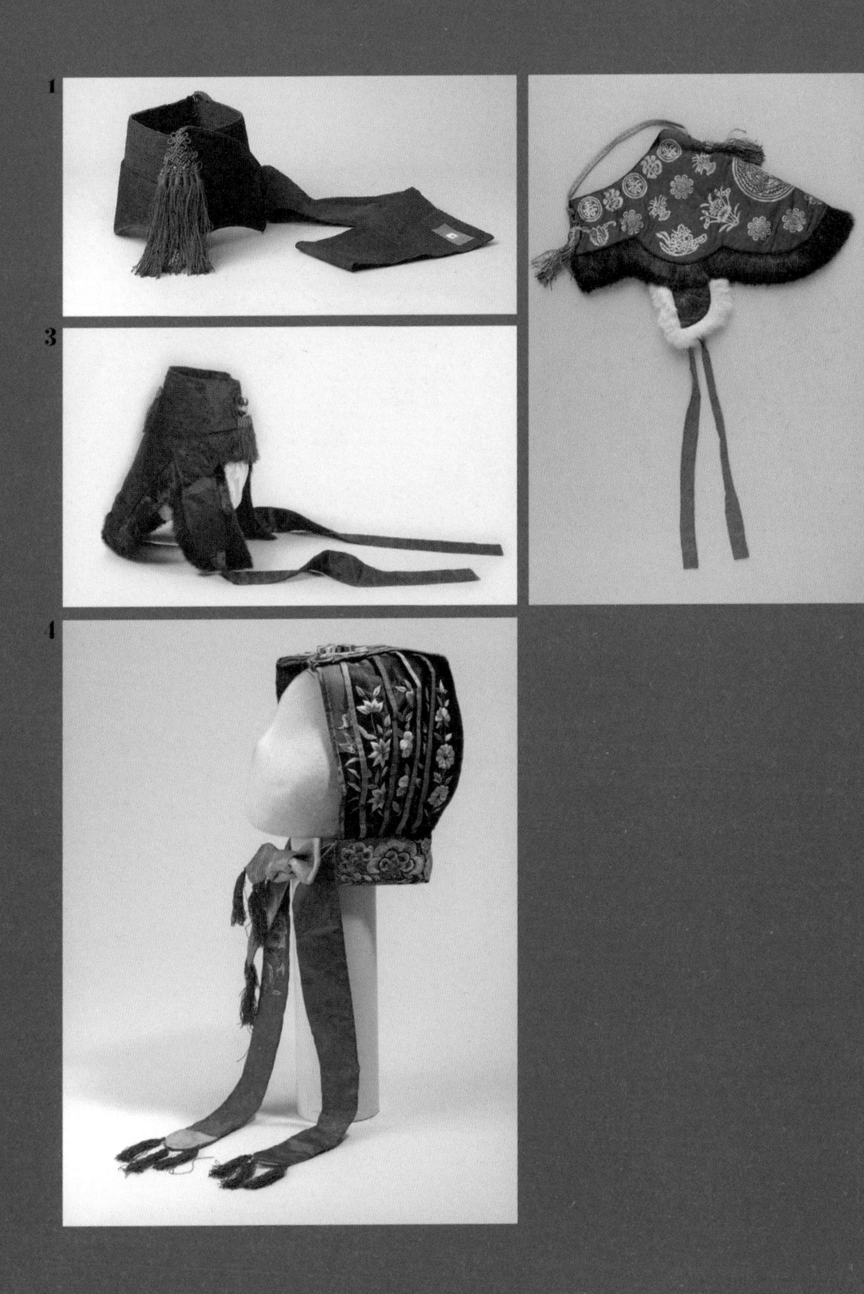

1 아얌 2 조바위 3 풍차 4 굴레 | 김인자

1 가례도감의궤(부분)_너울 쓴 상궁　2 장옷 입은 여인(부분) | 신윤복(이하 동일)
3 전모 쓴 여인(부분)　4 처네 쓴 여인(부분)

로 사용되었지만 부모 생존 시 딸이 회갑을 맞게 되면 딸은 색동저고리와 다홍치마를 입고 굴레를 쓰고 어머니 무릎에 안겨보는 풍속도 있었다.[21]

이 외에 머리 뒤로 댕기가 부착된 작은 족두리형 모자(16세기 초)도 있다.

내외용 쓰개

여성들이 외출할 때에 얼굴을 가리고 다녔던 내외용 쓰개는 조선시대에 와서 그 종류가 매우 다양해졌다. 귀부인들이 얼굴과 몸을 가리기 위해 고려시대부터 착용하던 몽수蒙首를 비롯하여 너울, 쓰개치마, 장옷, 천의(처네), 삿갓, 전모 등이 있었다. 조선시대의 내외용 쓰개는 개화기에 접어들면서 사회 변화와 함께 점차 사라져갔다.

1) 너울

너울은 궁중이나 상류층 부녀자들이 외출할 때 얼굴을 가리기 위하여 착용하던 쓰개이다. 고려시대 몽수가 변형된 것으로 조선 초에는 사대부가 부녀자들도 사용하다가 조선 말에는 궁중 가례와 왕릉 행차 등의 왕실 행사에서만 등장한다. 가례 때에는 비, 비빈, 상궁, 시녀, 유모, 여관들이 착용하였다.[22] 어깨 길이에 약간 넓게 퍼지는 자루형으로 갓 위에 사각의 얇고 비치는 천인 너울드림을 씌워 얼굴 부분은 앞이 보이도록 하였다. 조선시대 출토 너울은 자적색, 짙은 청록색 등의 끈과 홍색 매듭이 달려 있다.

2) 전모

조선시대 하층 부녀자들이 외출할 때 사용하던 풍속화나 유물에서 흔히 볼 수 있는 내외용 쓰개이다. 「조선왕실의궤」 행렬도에 의녀나 여관들이 전모를 착용하고 있어 궁중에서도 사용했음을 알 수 있고 신윤복 풍속화에서는 기녀들도 바깥 나들이용으로 사용하고 있다.

형태는 갓과 유사하며 우산처럼 펼쳐진 테두리에 살을 대고 기름을 먹인 종이로 만들었다. 안에는 착용이 편하도록 머리둘레에 맞춘 둥근 테가 있으며, 그 머리 테 양쪽으로 색이 다른 끈을 달아 턱밑에서 묶었다. 모자의 가장자리에는 나비와 꽃무늬 또는 수壽, 복福, 부富, 귀貴 등의 글자로 장식하였다.

3) 쓰개치마

조선 중기 이후 양반집 부녀자들이 내외하기 위해 얼굴을 가리는 목적으로 쓰던 쓰개치마는 보통의 치마와 비슷하지만 길이가 짧고 폭도 좁다. 주로 반인계급班人階級, 벼슬을 하지 못한 양반 부녀자들이 이웃 대소가大小家에 갈 때 연옥색 옥양목 쓰개치마로 얼굴을 가리고 외출하였다. 끈이 달려 있어 쓰개치마를 머리에 쓰고 얼굴을 치마허리로 감싼 후 속에서 손으로 앞을 여미어 잡는다. 치마허리 폭은 얼굴 둘레를 감싸 턱밑에서 맞물릴 정도이다.

1 쓰개치마　2 장옷 | 김인자

4) 장옷

신윤복의 풍속화에는 선비들과 함께 꽃놀이를 즐기러 나온 기생이 머리에 장옷을 쓰고 말을 타고 가는 장면이 있다. 장옷이란 조선시대 부녀자들이 외출 시 얼굴을 가리기 위해 사용한 내외용 쓰개로 초기에는 서민 부녀자들만 썼으나 후대에 오면서 양반 부녀자들도 착용하였다. 양반층은 내외용 쓰개로 주로 쓰개치마를 사용하였는데, 조선 말에는 장옷과 혼용해 사용하였다.

5) 천의

천의薦衣, 처네는 조선 후기 서민층 부녀자들이 방한을 겸해 쓰던 내외용 쓰개로 장옷에서 파생된 것으로 보인다.[23] 지방에서는 장옷을 천의라고 하였으나 장옷과 천의는 그 형태가 다르다. 천의는 네모진 천에 깊게 맞주름을 잡아 허리와 끈을 단, 폭 좁은 치마 형태와 흡사하다. 착용법은 이마 위에 천의를 쓰고 양쪽 끈을 여미어 잡는다.

저고리

남녀유별

연소답청(부분) | 신윤복

솜저고리(40회 전통공예명품전/16C, 고증재현) | 조정화

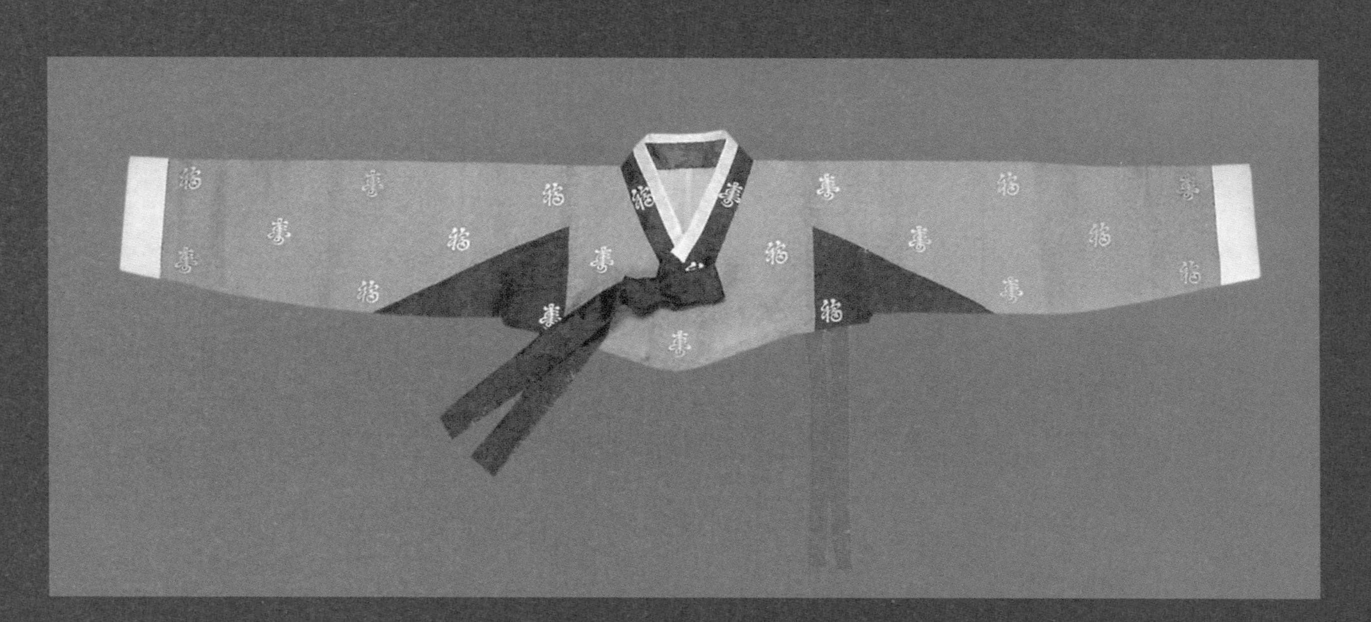

덕온공주 삼회장저고리(19C, 고증재현) | 채금석/숙명의예사

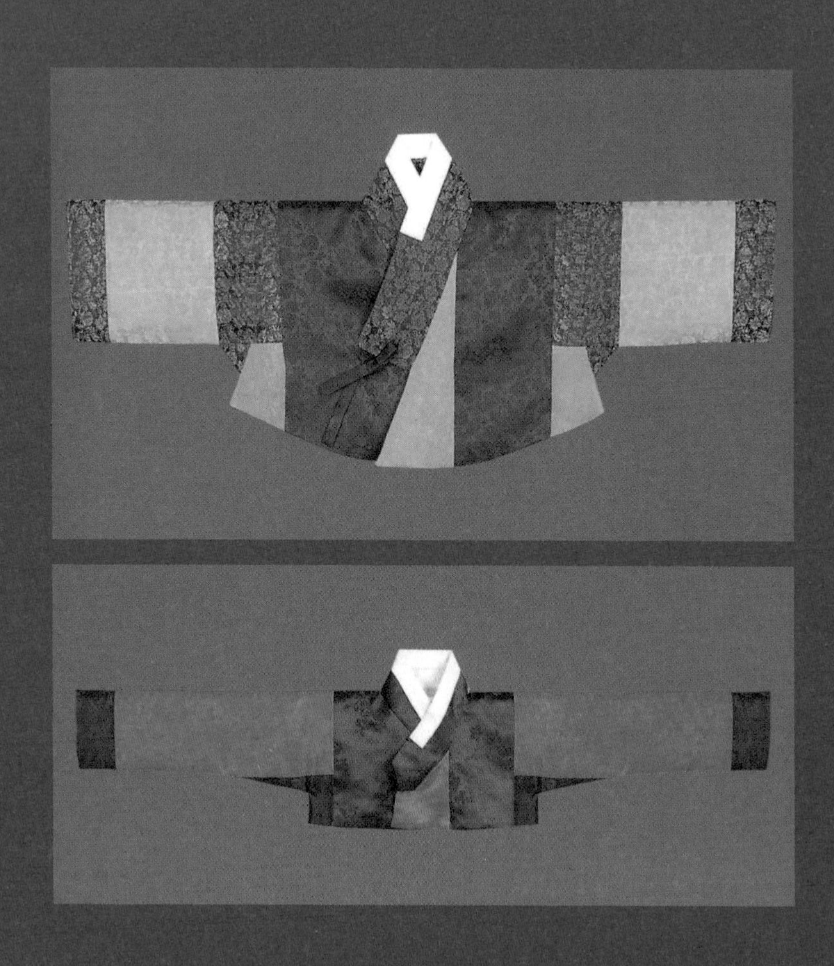

(위)단양 우씨 화보문 삼회장저고리(16~17C, 고증재현) | 채금석/숙명의예사
(아래)삼회장저고리(18~19C 추정, 고증재현) | 채금석/숙명의예사

여자! 너희들은 우리 남자들과는 다른 존재다. 유교 이념이 만들어낸 내외법의 골자다. 남자에 순종하며 집안의 온갖 궂은일을 도맡아 하는 존재로 여자는 그 차림 역시 남자와 달라야 했다.

조선 사대부 남성들의 여성 통제는 태조 1년 대사헌 남재南在 등이 임금께 올린 상소가 출발점이었다. 문무 양반의 부녀자들은 부모, 친자매, 친백부, 숙부, 외숙, 친이모를 제외하고는 그 누구도 만나서는 안 된다는 내용의 상소문이었다. 당시 이 상소문은 정식 법령으로 등재되었다.[24] 조선은 무분별한 것을 가장 싫어했다. 법도에 따라 행동하고 근거를 남겨야 했다. 이러한 관념은 복식에서 남녀를 엄격히 구분, 통제하는 것으로 나타났다. 유교 이념이 의복에 반영된 것이다.

본시 옛 고대 한국은 남자나 여자나 그 차림새가 같았다. 고구려 벽화를 보면 남녀 모두 저고리와 바지를 입고, 여자도 두루마기를 입고 있다. 유니섹스 스타일은 이미 고대 한국에서 시작되었다. 이는 고려까지 이어져 고려의 저고리 스타일은 허리선 아래 길이로 남녀 모

고구려 무용총 무용도(부분)_무희들

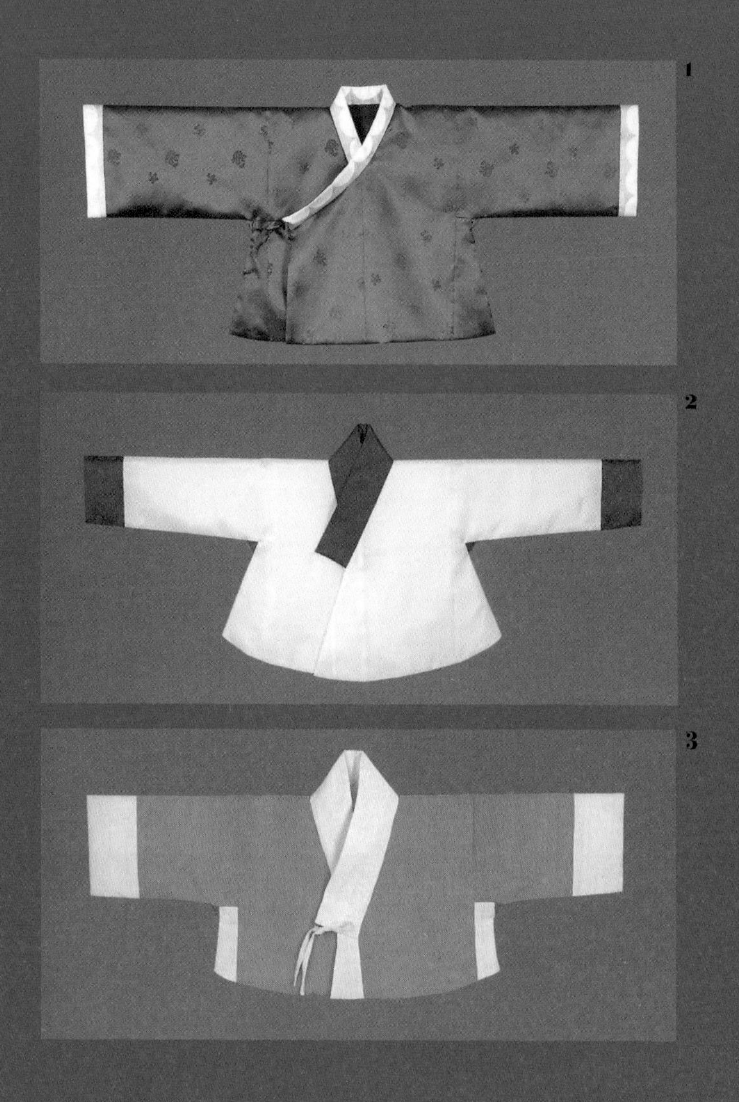

1 고려 귀부인상 저고리(14C, 고증재현) | 채금석(이하 동일)
2 양천 허씨 저고리(15C, 고증재현) 3 순천 김씨 목판깃저고리(16C, 고증재현)

두 같다.

그러나 조선에 와서 '남자와 여자는 그 신분이 다르다.'는 지극히 남성 우월적이고 가부장적 사고를 제도화하고자 조선 사대부 남자들은 내외법을 만들어 남녀 저고리로 확연한 차별점을 드러냈다. 이때부터 여자 저고리는 길이가 짧아지기 시작하였다. 남녀를 구분하기 시작한 것이다.

조선 초기까지 여자 저고리는 고려시대와 별반 다르지 않았으나 이후 점점 짧아져 길이는 허리선까지 올라왔고 디테일은 점점 더 섬세해졌다. 도련선과 섶코는 태극의 유려한 S라인으로 여성성을 강조하기 시작하였다. 경쾌하고 직선적인 현대적 감각의 고구려 저고리가 남녀유별을 내세우는 조선에 와서 그 길이에 차이가 나기 시작하더니 급기야 크기가 작아지는 단소화 현상이 나타났다.

저고리赤古里라는 명칭은 조선시대에 처음 등장한다. 길이나 형태, 용도, 착용자 신분에 따라 조금씩 다르게 불렸다. '포오袍襖', '겯막음裌隔音', '호수胡袖', '한삼汗衫', '동의대胴衣襨', '소대小對', '단저고리短赤古里', '소고의小古衣', '당고의唐古衣', '당의唐衣', '삼아衫兒', '당저고리唐赤古里'는 모두 조선시대 저고리와 관련된 명칭들이다.[25]

또한 바느질법, 형태, 용도, 장식 등에 따라 그 명칭이 다양하다. 홑저고리, 겹저고리(박이저고리), 물겹저고리, 누비저고리, 깨끼저고리, 솜저고리, 갖저고리, 삼회장저고리, 반회장저고리, 색동저고리, 까치저고리, 속저고리, 속적삼, 목판깃저고리, 당코깃저고리, 칼깃저고리 등 그 명칭의 다양함은 당시 조선 여인들의 패션 감각을 짐작하게 한다.

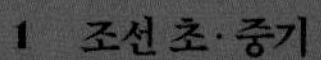

1 조선 초·중기

2 조선 중기

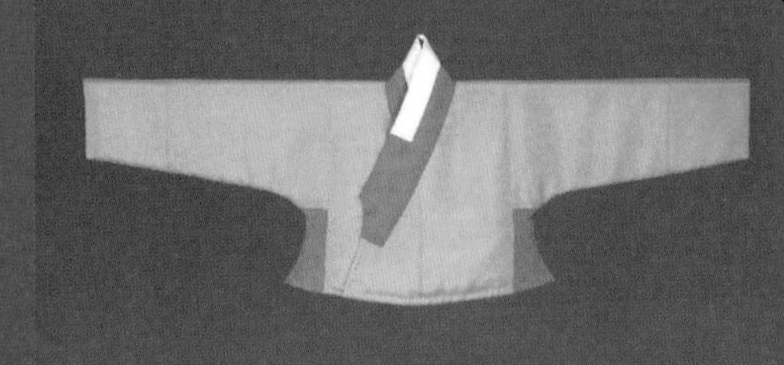

3 조선 후기

4 개화기

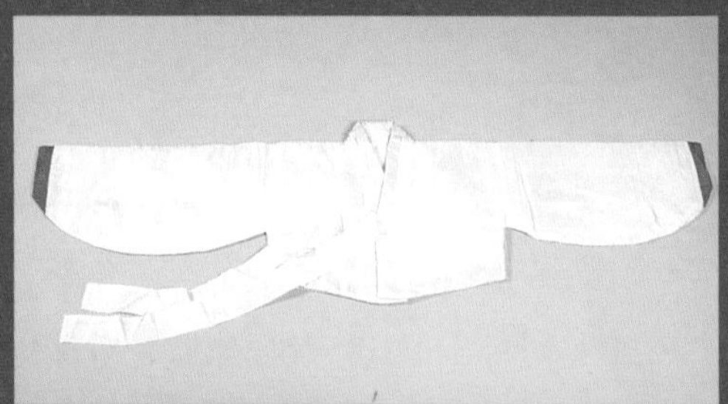

1 안동 김씨 누비저고리(16C, 고증재현) | 채금석(이하 동일)
2 구례 손씨 당코깃 솜저고리(16~17C, 고증재현) 3 조선 후기 삼회장저고리(19C, 고증재현)
4 흰색 공단 솜저고리(20C, 고증재현)

조선 초기에서 중기(15~16세기 후반)까지는 그 길이에 따라 장저고리(76~82cm), 중저고리(63~71cm), 단저고리(45~62cm)로 구분된다.[26] 장저고리는 외출용이나 예장용으로 옆트임이 있는 덧저고리이다. 조선 초기는 고려시대 저고리와 비슷한 형태로 품과 길이의 1:1 비례미가 그대로 계승되면서 옷깃은 목판깃을 하고 있다.

그러나 조선 중기로 오면서 길이가 확연히 짧아지고 디테일이 다양하게 변화한다. 이 시기 남자 저고리는 현재와 비슷한 길이로 정착된 반면, 여자는 40~50cm로 짧아지고 깃은 목판깃과 당코깃이 혼재한다.

조선 초·중기까지 여자 저고리가 품이 크고 엉덩이 선을 덮을 정도로 길이가 길었던 것은 혼수품과 관련이 있다. 옷감이 귀하던 시절이라 당시 풍습은 시집갈 때 입고 갈 옷을 죽은 후 수의로도 입을 수 있게 크고 길고 넉넉히 만들었다. 젊을 때와 늙어서는 그 체격이 각기 다르니 본시 그 옷을 넉넉하게 만들어 두루 사용할 수 있도록 했던 것이다.

그러나 조선의 유교적 남녀유별을 따르다 보니 남자와 차별화된 스타일로 여성들의 저고리는 점차 작고 좁아지면서 상체에 딱 붙는 관능적인 형태로 변해갔다. 특히 16~17세기에 저고리 품은 길이가 길어지면 품이 좁아지고, 짧아지면 품이 넓어진다. 또 저고리 소매는 끝으로 갈수록 좁아지는 직선의 사선 배래가 대부분이었으나 이 시기에 서서히 미세한 곡선 배래도 보이기 시작한다.

시간이 지나자 과하게 작고 좁아진 저고리에 대해 세간의 비난이 쏟아졌다. 좁아진 소매에 팔을 넣기조차 몹시 어려웠고 팔을 구부리면 솔기가 터지거나 심한 경우에는 팔에 피가 통하지 않았다. 몸이 심하게 부어 벗기도 어려울 정도였고[27] 품은 너무 좁아져 가슴이 터져 나올 지경이니 자연 그 길이는 가슴 위로 짧아질 수밖에 없었다. 그래서 소매를 째서 벗을 정도로 작고 꽉 끼는 여자 저고리에 대해 세간에서는 '복요', '요망스러운 옷'이라는 탄식과 비난이 쏟아졌다. 여성들에게 남녀유별과 정숙함을 강요하며 짧아지기 시작한 여자 저고리는 시간이 지나면서 그 기본 취지와는 전혀 상반된 모습으로 변화했다. 오히려 여성성을 강조하는 관능적인 스타일로 발전한 것이다.

조선 후기 저고리 길이는 드디어 젖가슴 윗선까지 극단적으로 짧아지고 도련선이 소매 배래선과 완전히 일직선을 이루는 수평형 저고리 형태가 된다. 고구려의 둔부선 길이의 수직형 저고리에서 도련과 배래선이 일직선을 이루는 수평형 저고리로 획기적으로 변화한 것이다. 짧아진 저고리 아래로 가슴을 노출하는 것은 남녀유별의 시대에 충격적인 모습이었다. 가문을 잇는 아들을 낳은 부인들은 부러 가슴을 노출하여 이를 남들에게 과시하기도 했다.

이같이 극도로 짧아진 저고리 길이는 20세기 초 개화기를 거치며 다시 길이가 가슴선 아래까지 길어져 오늘날의 저고리 모습이 되었다.

조선시대 저고리의 특징은 길(몸판) 옆선에 붙여진 '곁마기'이다. 삼각, 사다리꼴, 곡선형의 다양한 형태가 있는데, 몸판과 소매가 이어지는 진동선 옆 겨드랑이 밑이 터지는 것을 막기 위한 실용적인 목적과 함께 디자인적 요소로 감각적으로 활용했다. 또 곁마기와 겨드랑이 사이에 작은 삼각 당襠이 달린 형태도 많아 당시 봉제 기술이 상당히 발달했음을 알 수 있다.

저고리 색상

조선시대 저고리에 가장 많이 쓰인 색상은 당시 유교적 생활관과 상통하는 백색이다. 고대시대부터 백색을 선호한 것은 염료를 구하기도 힘들고 고가였던 이유도 있으나 잦은 국상과 까다로운 복식금제로 인해 다양한 색상의 옷을 입기가 힘들었다는 데 원인이 있다.

신분에 따라 저고리 색상은 다르게 쓰였다. 왕과 왕비를 비롯한 왕족은 대홍색, 자적색, 녹색 등을 많이 사용했고 이에 서민들은 복식금제로 황색, 자색, 대홍색의 사용에 제한을 받았다. 일반 서민들은 백색, 옥색, 분홍색, 연갈색, 노란색, 하늘색 등 옅은 색을 주로 사용하였다. 옥색 저고리에 남색 치마를 많이 입고, 명절이나 의례에는 색동이나 녹색 저고리에 다홍치마(녹의홍상), 노란 저고리에 다홍치마(황의홍상) 또는 남색 치마 등을 입고 여기에 자주 고름, 소매 끝동은 남색, 안고름은 분홍으로 다홍색 치마와 균형을 맞추는 뛰어난 색감각을 보였다. 특히 저고리 깃, 고름, 곁마기, 끝동 등에는 자주색, 남색과 같은 짙은 강조색을 사용하여 단조로움을 피하고 생동감을 살리는 감각을 발휘한다.

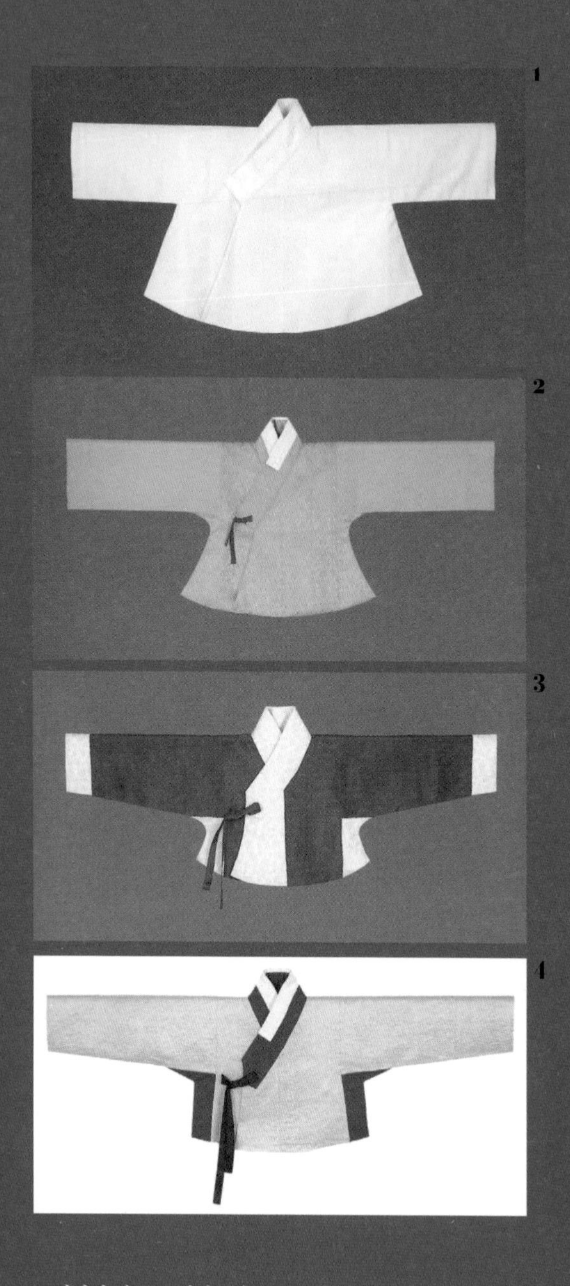

1 김덕령 장군 무명저고리(16C, 고증재현) | 채금석(이하 동일)
2 전 박장군 저고리(16C, 고증재현) 3 완산 최씨 당코깃저고리 (17~18C, 고증재현)
4 김덕원 묘 출토 아자문저고리(17C, 고증재현)

저고리 소재

엄격한 신분제 사회였던 조선은 서민들에게 엄격한 복식금제를 적용하였다. 특히 상공업에 종사하는 사람을 천시하는 풍조로 인해 서민들의 의생활은 그다지 크게 발전하지 못하였다.

주요 직물로는 저苧, 마포麻布, 면, 주紬, 사紗, 라羅, 전氈, 단緞, 초綃가 있었는데, 단직물은 조선시대에 가장 화려한 직물이었다. 오늘날에도 모본단, 양단, 공단 등이 전해오고 있다. 조선의 세마포, 저포 등 모시 직물은 그 직조술이 매우 뛰어나서 중국 명나라, 청나라에 공물로 수출되었다. 마포는 생산지 명칭에 따라 북포, 영포, 안동포, 강포라 불리었고 저포는 오늘날 '모시'라 불리는 여름철 옷감이다. 이는 주로 충청도와 전라도 해안지대에서 생산되었는데, 한산, 서천, 홍산, 비인, 임천, 정산, 남포 등은 '7저포처'라 하여 저포 생산의 명산지였다. 그중 한산 모시는 지금까지 그 명성을 이어오고 있으나 수공업으로 생산성에 한계가 있어 매우 귀하고 고가인 점이 아쉽다.

저고리 문양

고려시대 직물은 문양이 화려하고 귀족적인 반면, 조선시대는 유교의 영향으로 단순 소박하고 보다 단조롭다. 대부분 바탕과 동일한 색으로 문양을 처리하였다.

조선시대 저고리 문양은 동물문, 식물문, 자연문, 기하학문, 길상문으로 구분되는데 이 문양들은 현세의 부귀영화와 자손의 번영, 무병장수를 바라는 유교의 현실주의적 철학을 담고 있다. 용, 봉황, 원

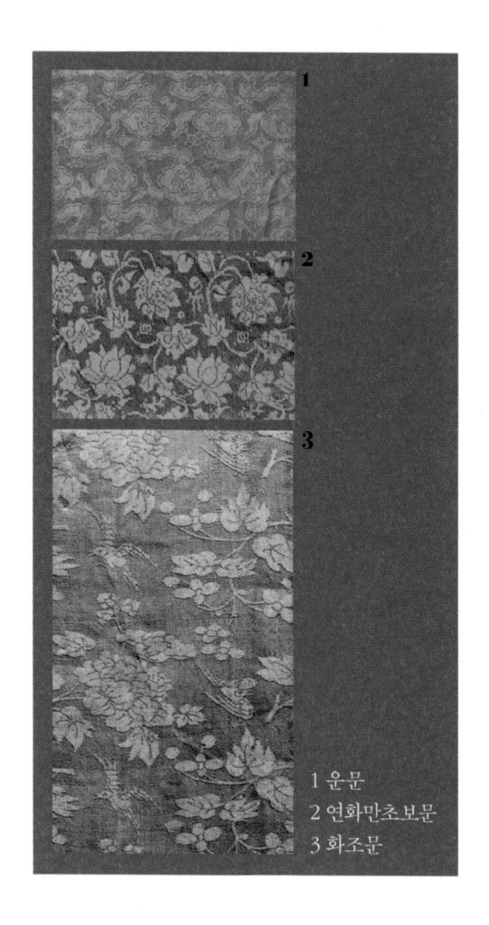
1 운문
2 연화만초보문
3 화조문

앙, 나비, 박쥐, 모란, 석류 같은 문양들을 선호했고 부귀영화를 직설적으로 표현한 길상문을 사용하는[28] 것이 조선시대 문양의 특징이다. 보통 연화문蓮花紋이나 도류불수문桃榴佛手紋, 모란당초문牡丹唐草紋, 연화만초보문蓮花蔓草寶紋 등과 같이 두 종류 이상의 문양이 조화롭게 혼합된 복합문양이 많으며 조선 후기로 갈수록 더욱 복잡해지면서 사군자나 십장생이 혼합된 커다란 문양이 나타나기도 한다. 출토된 저고리 문양으로는 화문단, 운문단, 연보상화보문단, 도류불수문단이 특히 많이 보인다.

치마

겹겹의 억압

미인도 | 작자 미상

스란치마 | 국립고궁박물관

대란치마 | 국립고궁박물관

무지기치마 | 국립민속박물관

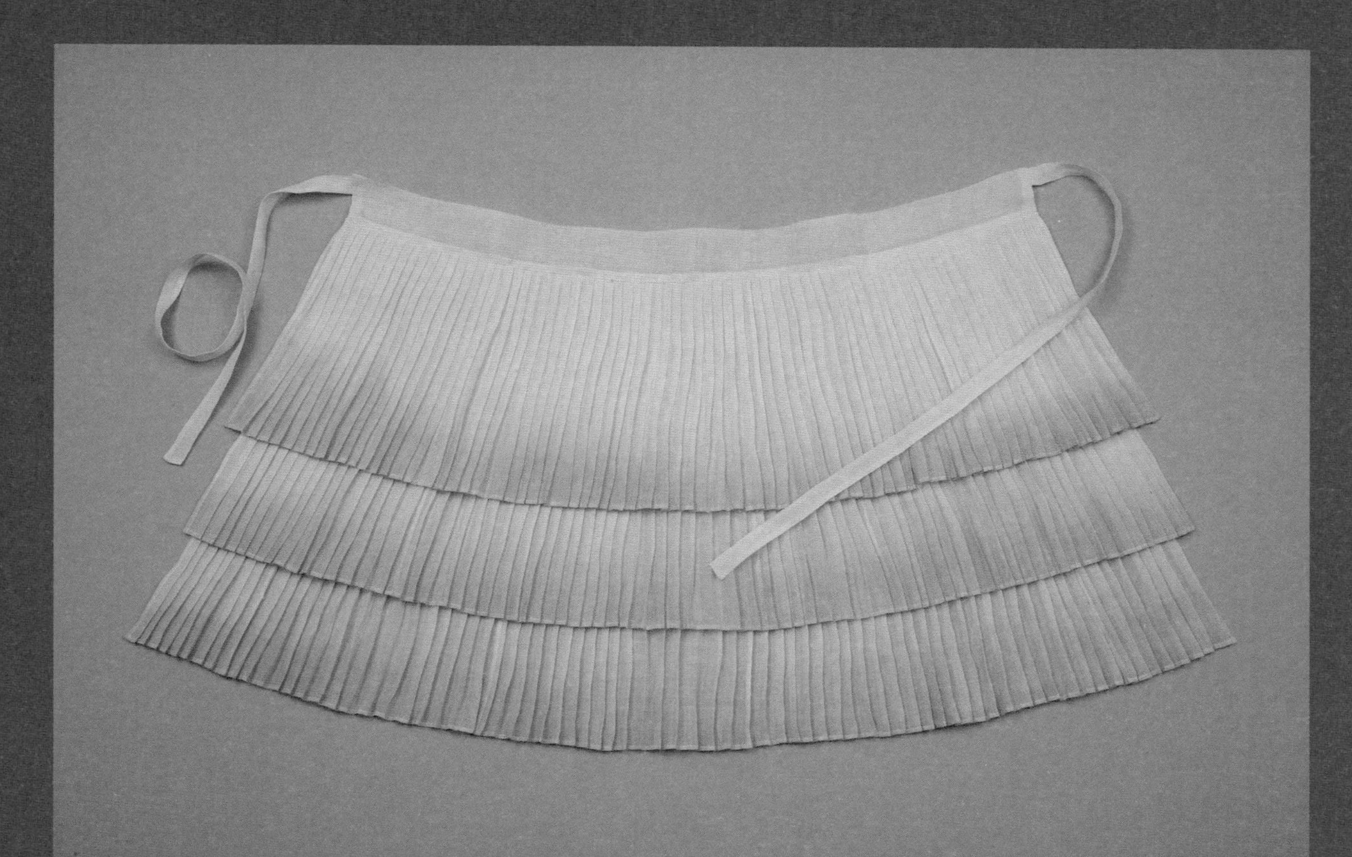

무지기치마 | 경운박물관

어린 시절 장난꾸러기 사내아이들은 여자아이 치맛자락을 훌쩍 들추고 도망가다 혼쭐이 나곤 했다. 예나 지금이나 치마는 그 길이가 짧으면 짧은 대로, 길면 긴 대로 패션 관능미의 정점이다. 여성 하체를 가리는 패션이기에 남성들의 호기심을 자극하는 것이리라. 조선시대도 예외는 아니었다. 그러나 조선의 치마 패션은 단순한 매혹의 대상이 아닌 유교적 관념이 만들어낸 여성 억압에서 출발한다. 조선의 여성에 대한 억압은 특히 치마 패션에서 그 진면목이 드러난다. 치맛말기, 치맛자락 등 부위별로 여성을 옥죄어 고통을 주었다.

치마는 고대부터 여성들이 하반신에 착용하던 옷 중 가장 겉에 입는 옷을 말한다. '치마'라는 국문 이름이 최초로 등장한 것은 1517년에 편찬된 『사성통해四聲通解』와 1527년의 『훈몽자회訓蒙字會』에 기록된 '쵸마'이다. 또 『세종실록』에는 우리말의 음을 따서 '적마赤亇'라고 기록되어 있다.[29] 지금의 '치마'라는 명칭은 혜경궁 홍씨의 『한중록閑中錄』에 '진홍 오호 포문단 치마'라는 이름으로 처음 등장한다.

조선시대 치마는 평상복 치마, 거들치마, 다트형 치마, 접음단치마, 전단후장형 치마, 스란膝襴치마 등 뛰어난 패션 감각을 보여주는 다양한 스타일이 있다. 조선시대 치마는 허리 혹은 가슴 부위에 두르는 '치마허리', 여밈의 역할을 하는 '치마끈', 그 아래 직사각형의 천을 그대로 세로로 이어 붙여 만든 '치마'로 구성된다. 치마는 원하는 옷감의 폭만큼 이어 붙인 후 윗부분을 주름 잡아 치마허리와 연결해 만든다. 예복용 치마는 대체로 평상시 입는 치마보다 치마폭을 더 넓고 길게 만든다.

조선 초기 치마폭은 15~16폭이나 되어 그 풍성함을 짐작할 수 있는데, 성종 2년1471 "속치마는 12폭, 겉치마는 14폭을 넘기지 말아 검소한 풍습을 다듬게 하라"는 교지를 내려 규제하였음을 볼 때 당대 여인들도 멋에 대한 욕구가 컸음을 알 수 있다. 당시 옷감 폭을 30cm 전후라 볼 때, 지금의 100cm 옷감이 대략 4~5폭 이어진 그 치마폭이 아주 넓고 풍성했다.

오늘날에도 그렇듯 치마를 먼저 입고 그 위에 저고리를 착용하였는데, 착장된 치마의 실루엣은 여러 겹의 속옷을 겹쳐 입어 항아리 모양으로 부풀려 있었다. 조선 전기에는 저고리 길이가 길어 치마를 주로 허리에 둘러 입었다. 16세기 예복용인 전단후장형 치마는 앞은 접어 올리고 뒤가 길게 끌리는 스타일이다. 이는 마치 19세기 서양의 크리놀린crinoline 드레스를 20세기 디자이너 발렌시아가가 앞은 짧고 뒤는 길게 재해석한 현대 디자인에 비견되는 대단한 감각이다. 18세기 이후 저고리 길이가 점차 짧아져 가슴선 위로 올라가자 치마허리 역시 가슴선으로 올라가 치마 길이는 더욱 길고 풍성해졌다.

치맛말기 패션

조선이 여성을 어떻게 구속했는가는 바로 치마 패션에서 여실히 나타난다. 조선 사회가 여성에게 부과한 다산의 의무는 치마의 부풀림이란 형태로 패션으로 나타났다. 여성의 하체를 감싸는 풍성한 치마는 여성의 출산 능력을 상징했다.

1 미인도(작자 미상) 2 미인도(해남 윤씨 종가)
3 엘리자벳 황후 초상_크리놀린 드레스 4 발렌시아가 빈티지 드레스

조선 후기 실학의 등장으로 현실 세계에 대한 자각과 이로 인한 신분제의 균열은 사치 풍조를 야기했고 이는 당대 여성 패션을 나날이 관능적으로 변모시키는 원인이 되었다. 그러나 이 와중에도 그 저변에 깔린 '남녀유별' 관념은 벗어날 수 없는 숙명이었다.

19세기 들어 저고리 길이가 극도로 짧아지자 치마허리는 자연히 밖으로 드러났다. 짧아진 저고리로 인해 가슴 크기를 줄이고자 '졸잇말' 혹은 '젖졸음말'이라는 베로 만든 졸이개를 항상 입고 다녔다.[30]

가슴 윗선으로 짧아진 저고리 도련선 아래로 드러난 겨드랑이 밑 살과 젖가슴의 노출은 당시 유교적 정서에서 절대 있을 수 없는 일이었다. 따라서 이를 가리기 위해 별도의 허리띠로 만든 치맛말기로 가슴을 가려야 했다. 이는 일명 '가슴가리개', 가리개용 허리띠로 때때로 속옷으로 분류되기도 하나, 짧은 저고리 도련선과 치마 사이로 보이는 겨드랑이 밑 살을 감추는 용도로 당시 여성들의 주요 패션 아이템이 되었다. 부풀어 오른 가슴을 꽁꽁 동여매어 조이는 치맛말기는 여성의 육체에 가하는 최대의 고문이었다. 젖가슴을 납작하게 압박할수록 미덕이었기에 막 가슴이 부풀어 오르기 시작한 소녀들은 옥죄는 치맛말기로 비명을 지르며 쓰러지기도 하였다. 치맛말기 사이로 손가락 하나 끼워 넣을 수 없을 정도로 꽁꽁 동여매 발육 부진이 되거나 피가 통하지 않고 호흡이 가빠 자주 쓰러지는 등 그녀들의 수난은 이루 말할 수가 없었다.[31]

여성의 성징, 가슴을 극도로 조여 매는 치맛말기 패션은 여성에 대한 성적인 억압인 동시에 남성들의 은밀한 호기심을 자극하는

1 가슴가리개 2 조끼허리 치마 3 쓰개치마

1

2

1 당의와 스란치마 착장 모습 | 채금석(이하 동일)　2 치맛자락 올려 묶은 모습

패션으로 일종의 가학적 성애의 한 유형이라 할 수 있다. 치맛말기로 꽁꽁 동여맨 가슴의 압박과 통증은 여성에겐 고통이었으나 남성들에겐 정복과 소유의 쾌감이었다. 그것은 조선의 일종의 페티시즘 fetishism 패션이었다. 여성의 심신을 억압한 조선의 남성 우월적 본질이 하나의 시각적 패션 현상으로 나타난 것이다.

이와 유사한 일은 비슷한 시대 서양에서도 있었다. 19세기 빅토리아 시대 여성들의 코르셋 패션도 남성들을 위한 패션이었다. 19세기 서양의 귀족 남성들은 권력과 부를 거머쥔 사회의 주도자였고, 여성들은 그에 예속된 피조물에 지나지 않았다. 귀족 여성들은 그 사회의 주도자가 원하는 패션으로 자신들을 치장하였다. 코르셋으로 극단적으로 조여 맨 여성들의 가는 허리를 바라보며 남성들은 성애의 가학적 쾌감을 느꼈다. 페티시즘적 코르셋 패션이 당시 서양 여성들의 허리를 12인치까지 죄어 늑골이 허파를 관통하여 죽음에까지 이르게 할 때 동양 한국의 치맛말기 패션은 긴 끈으로 여성의 가슴을 칭칭 조여 매 기절할 정도로 고통을 주었다. 서양은 가슴은 부풀리고 허리를 조여 여체의 관능을 자극하였고 조선은 그 반대로 가슴을 죄어 구속의 관능을 자행하였던 것이다. 치맛말기 패션은 억압적인 정조 관념으로 남성들의 정복욕과 소유욕을 자극하는 변태적 에로티시즘의 발로였다.

치맛자락 패션

긴 치맛자락으로 엉덩이를 강조해 하체를 감아 둘러 입는 치마의 자태는 여성들의 발걸음과 활동을 제약하였다. 비기능적이고 불편했다. 그러나 겹겹이 둘러싸여 풍만하게 부풀려진 치마의 자태는 여성 육체에 대한 남성의 호기심을 자극해 에로틱한 상상을 야기하는 시각적 즐거움을 위한 것이기도 했다. 남성들은 휘감은 치마 사이로 발을 떼기도 힘들어 종종걸음을 걸어야 하는 치마의 구속성을 정숙함의 미덕으로 치켜세우기까지 하였다.[32] 상체를 칭칭 감아 단단히 옥죄는 치맛말기, 하체를 휘감아 겹겹이 둘러 입는 치마는 여성들에게 정조 관념을 강요하고 성적으로 억압하기 위한 가부장 사회에 적중한 패션이었던 것이다. 한쪽에게는 정숙성이라는 위선적 도덕으로 정신과 신체를 철저히 옥죄어 고통을 주고, 또 다른 한쪽에게는 가학적 정복욕을 자극하는 이율배반적 양면성이 응축된 패션이었다. 19세기 서양의 페티시즘적 패션은 동양의 조선에서도 자행되고 있었다.

쓰개치마 패션

치마는 얼굴까지 가리는 '쓰개치마'로도 변형, 발전되었다. 조선 후기가 되면서 성리학의 지배 이념은 더욱 강화되어 내외법에 얽매인 여성들은 자유로운 외출이나 활동마저 제한받았다. 이에 양반층 부녀자의 내외용 쓰개인 쓰개치마가 등장하였다. 쓰개치마는 모양은 보통 치마와 같으나 그 폭을 좁게 만들어 외출할 때 얼굴을 가리기 위해 둘러썼다. 주로 백색이나 연옥색의 모시, 무명, 옥양목으로 만든 치마를 외출할 때 손쉽게 사용하기 위해 방 한구석에 걸어

두었다고 한다. 특히 개성 지역에서는 '쓸치마'라고 하여 옥양목이나 명주로 계절에 따라 겹으로 만들거나 솜을 넣어 입었다고도 한다.[33] 허리 길이는 얼굴을 치마허리로 감싸 손으로 거머쥘 수 있도록 좁게 하여 앞을 여미어 잡았다. 주로 반인 계급의 부녀자들이 착용하였다.

이와 같이 조선시대 여자들은 얼굴은 쓰개치마로 감싸고, 가슴은 치맛말기로 꼭꼭 싸매고, 하체는 치마로 칭칭 둘러 다른 남자들의 시선으로부터 꽁꽁 감춰져 있었다. 하나의 아이템으로 각 부위별로 구속의 틀을 만들어낸 '치마' 패션은 당대 사회의 집요한 관념이 작용한 산물이었다. 이렇게 조선 여자들은 사회적으로는 물론 패션으로도 구속당했다.

조선시대 단소화된 짧고 좁은 저고리는 구한말 개화기에 서양식 패션의 영향으로 길이가 길어진다. 또 고쟁이와 속치마로 속옷이 간소화되면서 치마폭도 줄어든다. 개화기 여성의 사회활동 증가와 함께 전통 치마 개선에 대한 논의가 활발해지면서 치마 입는 방식에도 많은 변화가 생겼다. 치마 길이는 활동성을 고려해 발목이 드러날 정도로 짧아졌으며 조끼형 치마허리가 등장하였다. 성장기 여학생들의 가슴을 꽁꽁 조이는 비인간적인 일자형 허리띠는 이화학당 선교사들에 의해 서구식 패턴을 적용한 조끼형 치마허리로 변화되어 지금까지 이어져 오고 있다.

치마 종류

치마에는 다양한 종류가 있다. 조선의 예복용 치마 중 스란단을 가로로 한 단 댄 것을 '스란치마', 가로로 두 단 댄 것은 '대란치마'라고 칭하고 있으나 여기에 대해서는 견해가 분분하다. '스란'이란 '무릎슬'을 뜻하는 '슬란膝襴'에서 온 말로 직금織金, 금실 문양이 무릎 부분에 오도록 만든 치마이니 스란단을 무릎에 한 단 더 댄 치마를 스란치마라 칭하는 것이 맞다는 의견도 있다. 직금이 두 단 들어가면 대체로 무릎 부분의 직금이 넓고 그 아랫단의 직금은 좁은 것이 특징이다. 조선 말에 이르러서는 직금보다 금박이 많이 애용되면서 스란단을 별도의 천으로 만들어 치마에 붙이는 식으로 변화되었다. 스란단을 댄 치마들은 내외명부內外命婦같이 높은 신분의 여성들만이 입을 수 있었으며 그중 대란치마는 왕비에게만 허용되었다.

궁중에서 입던 치마 중에는 예복 위에만 덧입는 '웃치마', '전행웃치마' 등의 의례용 치마도 있다. 웃치마는 다른 치마보다 길이와 폭이 좁지만 무릎 부분에 금박단을 장식한 것이다. 전행웃치마는 왕비나 왕대비 등 왕실 여인들이 대례복을 입을 때 착용했던 치마로 치마허리에 주름을 곧게 잡아 세 자락을 연결한 것이다. 치마를 착용했을 때 뒤로 오는 좌우 두 자락은 바닥에 끌릴 정도로 길이가 길고 앞자락은 바닥과 비슷한 길이다. 전행웃치마에도 금박 장식을 했다.

사대부 여인들이 발끝을 덮는 긴 길이의 직금, 금박 장식 치마를 입은 것과 달리 서민 부녀자들은 민치마를 입었고 천민 출신인 하인들은 폭이 좁고 길이도 짧아 활동하기에 편한 치마를 입었다. 가사노동을 해야 하는 서민 여성들도 '거들치마'라고 하여 치맛자락을 바짝 추켜올려 여미어 입거나 허리춤을 끈으로 고정하여 속바지가 보이게 입기도 하였다. '두루치'라고 부르는 이 치마는 폭이 좁고 길이가 짧기 때문에 발목 부분의 속옷이 드러나기도 하였다. 천민들의 이러한 짧은 치마에 대해 명나라 사신 동월은 『조선부朝鮮賦』에 "천한 사람의 치마는 종아리를 가리지 못한다."라고 기록하였다. 일할 때는 신분을 가리지 않고 '행주치마'라고 부르는 앞치마를 허리에 둘러 입었다.

또 '두렁치마'도 있다. 조선시대 어린아이들은 남녀 모두 치마를 많이 입혔는데, 이를 '두렁치마'라고 한다. 뒤가 벌어져서 엉덩이가 드러나는 치마로 용변을 가리기 전까지 착용하였다. 아이가 배탈이 나지 않도록 배와 아랫도리를 둘러주는 목적도 있었고 누비로 만들기도 했다.

조선시대에 속치마는 특수한 경우를 제외하고는 거의 사용하지 않았다. 속치마로 활용된 치마로 '무지기치마'나 '대슘치마'가 있는데, 이는 궁중이나 양반집에서 예장용으로 착용하였을 뿐 평상시 입는 옷은 아니었다. 무지기치마는 무족無足, 무족의無足衣, 무족상無足裳, 무족군無足裙 등으로 불리었다.[34] 겉치마를 풍성하게 만들기 위해 착용하였으며 서양의 페티코트petticoat 같은 역할을 하였다. 세 층의 삼합三合, 다섯 층의 오합, 일곱 층의 칠합 무지기가 있었다. 어린아이에게는 층마다 다른 색을 엷게 물들여 입혔고 어른들은 대체로 분홍색으로 약 5~10cm 정도의 단을 층층이 물들여 입었는데, 흡사 무지개와 같아 무지기치마라고 불렀다. 대슘치마는 궁중에서 왕족이 예장할 때 사용하던 속치마로 무지기치마 위에 받쳐 입어 치마 하단을 퍼지게 하는 역할을 하였다. 길이가 긴 겉치마가 A라인의 형태로 넓게 퍼지도록 무지기와 함께 착용하였다. 이 대슘치마 위에 겉치마를 입음으로써 완결되니 조선 여인들의 의례용 치마 착장은 5겹 속바지 위에 무지기, 대슘, 겉치마, 웃치마에 이르기까지 무려 8~9단계로 아주 절차가 복잡하다.

색상과 소재

조선시대 치마는 계절이나 용도, 입는 사람의 신분과 나이, 취향 등에 따라 다양한 옷감과 색상이 사용되었고 바느질법이나 손질법도 다양하였다. 날씨가 더운 여름철에는 한 겹의 천으로 된 홑치마를 주로 입었고 추운 겨울에는 솜치마나 누비치마를 애용하였다. 하지만 19세기 후반에는 솜치마나 누비치마는 사라지고 보통 홑치마나 겹치마를 많이 입었다.

치마의 색상은 나이에 따라 차이가 있었다. 조선 초기에는 비교적 다양한 색상을 사용했고 황색 치마도 애용했지만 후기로 갈수록 청색과 홍색, 두 가지 색 위주로 단순화되었다. 홍색 치마는 주로 미혼 여성이나 새댁이, 청색 치마는 상대적으로 나이가 있는 여성들이 일상생활에서는 물론 명절이나 중요한 행사에 애용하였다. 옥색 치마는 제삿날에도 입지만 평상시에 입어도 무방하였고 노인들 치마나 여름철 색상으로 애호되었다. 왕실 여성들은 자색 치마를 즐겨 입었다. 흰색 치마는 여름철 치마로 신분과 상관없이 즐겨 입었고 검은색은 대체로 피했다.

조선시대 치마는 형태가 크게 다르지 않은 대신 시대, 계절, 유행에 따라 소재와 바느질 방법이 다양한 것이 특징이다. 조선시대 한복 소재로는 앞서 설명한 견직물, 마직물, 면직물 등이 있으며 치마 소재 역시 저고리에 사용된 소재들과 유사하다.

현재 한복 옷감들은 천연섬유, 재생섬유, 폴리에스터 중심의 합성섬유 외에도 한지 등을 이용한 다양한 소재들이 생산되고 있다. 한복 원단은 계절감을 표현하는 가공법이나 누비 등의 특수기법, 조직, 문양 등이 다양하다.

봄가을에는 무명, 숙고사, 갑사, 자미사, 진주사, 은조사, 항라 등의 다소 빳빳하면서 얇고 가벼운 옷감을 사용하고 여름에는 삼베, 모시 등의 마직물과 고사, 노방, 항라, 갑사 등의 까슬까슬한 촉감으로 시원한 느낌을 주는 옷감을 사용한다. 겨울에는 명주, 양단, 공단, 무명 등 두께가 있는 견직물이나 면직물, 명주 등의 옷감을 누벼 도톰하게 만든다.

명주, 공단, 양단, 호박단, 갑사, 노방 등은 직조 방법에 따라 두께와 종류가 다양하고 은은한 광택이 특징이다. 명주는 단아하고 은은한 아름다움이 있으며, 공단과 양단의 특유한 광택은 동양적인 느낌을 주면서 촉감이 부드러워 서양 소재 새틴과 유사하다. 또한 노방과 은조사는 빛의 반사 각도에 따라 다르게 느껴지는 결의 멋이 있고 서양의 오간자가 이와 비슷하다.[35] 이와 같이 원료나 조직, 가공법이 다른 여러 가지 현대 소재들은 전통 한복, 다양한 한국적 패션 디자인이나 규방 공예 등에 꾸준히 사용되고 있다.

7겹 속옷

구속의 관능

단오풍정(부분) | 신윤복

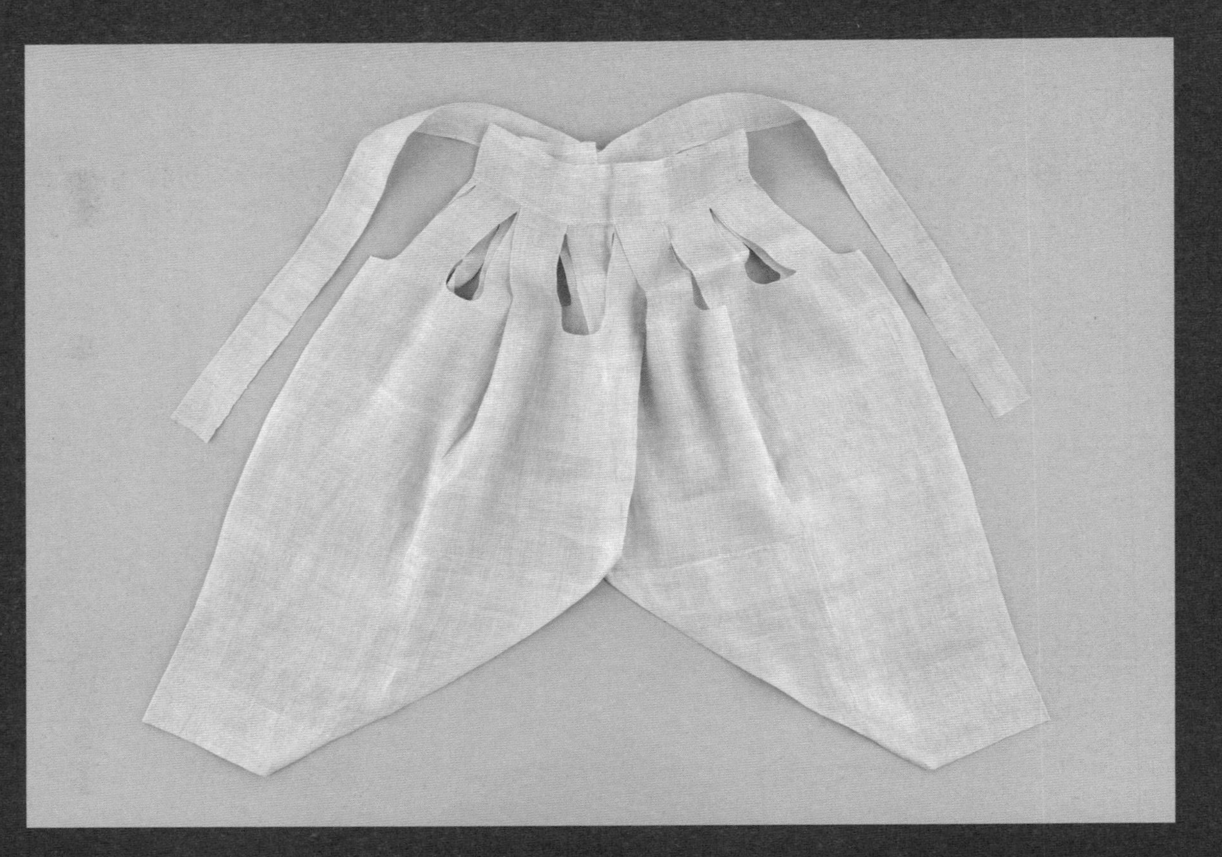

살창고쟁이(46회 대한민국전승공예대전 입선) | 정인순

덕혜옹주 우이중 단속곳 | 국립고궁박물관

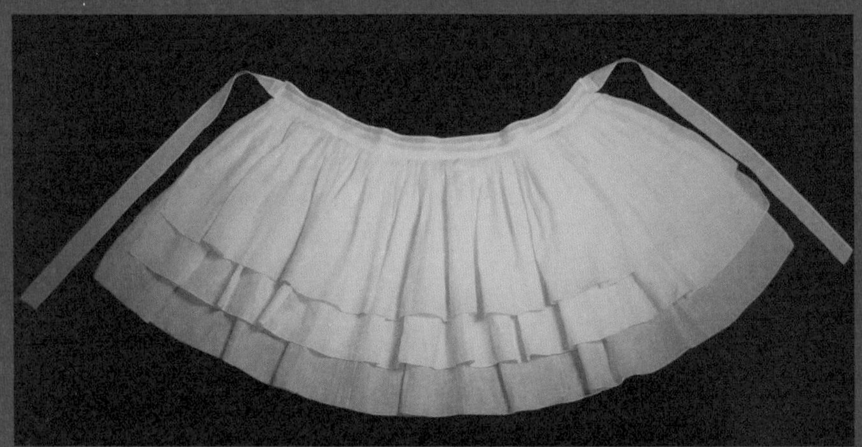

(위)대슘치마 | 국립민속박물관
(아래)무지기치마 | 국립민속박물관

신윤복의 〈단오풍정〉은 단옷날 그네 놀이를 나온 한 무리의 여자들이 시냇가에서 목욕을 하거나 그네를 타며 여유를 즐기는 장면을 그리고 있다. 목욕하는 여인들과 그네를 타는 여인, 머리를 손질하는 여인, 앉아서 쉬고 있는 여인, 머리에 옷 보따리를 이고 가는 하인 모두 하얗다 못해 푸른빛이 감도는 속옷을 착용했다. 어디에서도 볼 수 없는 은밀하고도 관능적인 자태로 호기심을 자극한다.

신윤복의 〈미인도〉를 보자. 저고리 소매는 속살이 터져 나올 듯 밀착되었고, 치마는 엉덩이 부분을 부풀릴 대로 부풀린 풍성한 상박하후 실루엣이다. 여성의 다산 능력을 상징하는 풍만한 하체를 강조하기 위해 치마 속에 속옷을 여러 겹 겹쳐 입었다.

미인도 | 신윤복

이렇게 하의를 부풀리기 위해서는 여러 벌의 속옷이 필요했다. 속옷은 겉옷 안에 입는 옷으로 내의, 내복, 단의單衣, 설복褻服, 친의襯衣, 츤의襯衣라는[36] 다양한 기록으로 전해진다.

속옷은 겨울에는 방한용으로, 여름에는 겉옷에 땀이 배지 않도록 하는 땀받이용으로 착용하였다. 아무리 더운 여름이라도 조선 여성들은 몸을 함부로 드러내는 법이 거의 없었다. 내외법으로 생겨난 내외용 속옷도 있었다. 당시 남성들은 처첩들을 여럿 거느리고 방탕한 생활을 해도 부권이라는 미명 아래 당연시되었고 여성들은 패션에서조차 정신적, 신체적으로 구속당하고 정절을 강요당했다. 남성에 비해 여성의 속옷 종류가 현저히 많은 것은 이와 같은 이유 때문이다. 겹겹이 겹쳐 입는 속옷은 조선 여성들의 아름다운 옷매무새를 만드는 역할을 하였다.

정숙함에 대한 사회적 강요는 여성들이 치마 속에 입는 속옷 패션에서 정점에 달한다. 조선시대 여성들은 다리속곳, 속속곳, 속바지, 단속곳, 너른바지, 무지기치마, 대슘치마, 예장용 겉치마 등 그 명칭도 다양한, 무려 일고여덟 겹의 속옷으로 하체를 싸고 또 싸서 겹겹이 겹쳐 입었다. 이렇게 층층이 겹쳐 입은 속옷은 여성성을 꼭꼭 숨겨 정절을 강요하는 구속력의 상징이기도 했다. 조선의 정조 관념은 7겹의 속옷으로 겹겹이 겹쳐 입는 패션으로 드러났고 이렇게 완성된 치마의 풍성한 자태는 오히려 요염하고 관능적이었다. 또 한 겹 한 겹 싸고 또 싸인 풍만한 여체는 남성들의 정복욕을 자극하는 은밀한 관능의 실루엣이었다. 겹겹으로 겹쳐지면서 겉치마를 요염한 자태로 풍성하게 부풀리는 데 일조하는 다양한 속옷들은 규방 여인들의 솜씨로 만들어낸 예술이었다. 치마의 실루엣을 위한 단순한 페티코트의 역할뿐 아니라 겹겹이 싸여 심리적으로 생활 속에서 정조 관념을 주입하는 속박의 상징이었다. 이렇게 정숙성의 강요가 관능의 패션을 창출한 것이다.

속옷 종류

속옷 하의는 무려 5겹의 속바지를 겹쳐 입고 그 위에 무지기치마, 대슘치마를 입고 마지막으로 예장용 겉치마를 입었다. 특히 아무리 겹쳐 입어도 만족할 줄 모르다는 의미인 무족이無足伊에서 유래된 무지기치마는 하체를 풍만하게 보이기 위해 치마를 부풀리는 데 효과적이었다.[37]

상의로 입는 속옷으로는 속적삼과 가리개용 허리띠가 있다.

1) 다리속곳

다리속곳은 가장 안에 입는 속옷으로 지금의 팬티에 해당한다. 고구려 고분벽화 쌍영총 씨름도에 장사 두 명이 입은 팬티와 모양이 비슷하다. 옷감을 홑으로 기저귀 모양으로 길게 하여 허리말기를 달아서 만들었는데, 이는 그 위에 입는 큰 속속곳을 자주 빨아야 하는 불편함을 덜기 위하여 생긴 것이다. 다리속곳은 자주 빨아야 하므로 옷감을 긴 직사각형으로 여러 겹으로 접은 후 허리띠에 달아 착용했고 몸에 직접 닿기 때문에 주로 부드러운 무명을 썼다.

2) 속속곳

다리속곳 다음으로 속속곳을 입는다. 속속곳은 단속곳과 비슷한 모양으로 크기가 작고 밑이 막혀 있다. 바지통은 여러 폭의 옷감

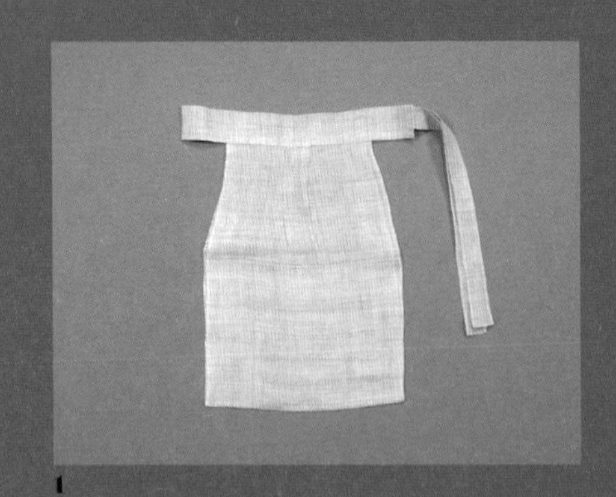

1

2

3

4

1 다리속곳　2 단속곳　3 속바지　4 속적삼

을 이어 상당히 넓고 살갗에 직접 닿는 부분이 많아 무명, 옥양목, 광목과 같이 부드러운 옷감으로 만든다. 양쪽 바짓가랑이 사이를 이어주는 밑부분에 당襠이 달려 있고 허리말기와 끈으로 구성된다. 어깨끈을 달아 어깨에 걸쳐 입을 수 있게 만들기도 한다.

3) 속바지

고대부터 여자들도 겉옷과 속옷으로 바지를 착용하였는데 조선시대 남녀 구별이 확실해지면서 겉옷으로 입는 바지는 사라지고 속바지로 정착되었다. 속바지는 속속곳 위에 입으며 일명 고쟁이라고도 한다. 남자 바지와 비슷한 형태이지만 밑이 터져 있어 용변 볼 때 편하도록 하였고 통이 넓고 허리끈이 달려 있다. 봄, 가을, 겨울에는 겹바지나 솜바지를 입었고 여름에는 홑고쟁이를 입었다.

속바지의 기본 형태는 활동이 편하도록 통이 넓고 바짓부리는 좁으며 계절에 따라 홑바지, 겹바지, 솜바지, 누비바지 등으로 나뉜다. 평상시 활동할 때 긴 치맛자락을 걷어 올리면 치마 아래로 속바지가 노출되곤 했다. 이때 노출되는 아랫부분은 노방이나 견 같은 고급 소재를 쓰고 그 위는 광목이나 무명 등의 값싼 옷감으로 만드는 게 일반적이었다.

안동 지역에서는 삼베로 만든 속바지에 구멍을 여러 개 뚫어 통풍이 잘 되게 하였다. 구멍이 많은 경우에는 열 개도 넘었고 이러한 형태 때문에 '살창고쟁이'라 불리었다. 살창고쟁이는 문어 다리처럼 생겼다 하여 '문어고장주우'라 하기도 하고 바지의 윗부분을 가위로 잘라냈기 때문에 '가새고장주우'라고도 하였다(고장주우는 안동 지방에서 사용하는 바지의 방언이다). 이 살창고쟁이의 뚫린 구멍에는 구멍 사이로 신부의 흉이 술술 새어 나가 시집살이가 수월하기를 바라는 소망이 담겨 있기도 하다.[38]

4) 단속곳

속바지 위에는 단속곳을 입는데 속속곳과 비슷한 모양이나 양 바짓가랑이가 넓어 속치마 대용으로 입기도 하였다. 치마보다 길이를 다소 짧게 하여 그 위에 치마를 착용하고 대개 속속곳이나 속바지보다 좋은 옷감으로 만들었다.

5) 너른바지

사대부 여인들은 단속곳 위에 비단으로 만든 너른바지를 입어 모양을 더 내었다. 너른바지라는 명칭은 넓은 바지통에서 유래된 것으로 단속곳보다 더 넓고 비단으로 만들었다.

6) 무지기치마

상류층 양반집 여성들은 겹겹이 입은 5겹 속바지 위로 무지기치마를 입기도 하였다. 서로 길이가 다른 치마를 층지게 달았는데, 층마다 다른 치마 색이 마치 무지개 같다 하여 붙여진 이름이다. 치마 층수에 따라 삼합, 오합, 칠합으로 만들었고 현대의 페티코트 같은 역할을 하였다. 12폭의 모시를 3층, 5층, 7층으로 길이를 다르게 하여 한 허리에 달아서 겉치마의 허리 부분을 부하게 잡아주는 정장용 속치마이다.

7) 대슘치마

대슘치마는 겉치마의 아랫부분이 넓게 퍼지게 하기 위해 상류층에서 입던 의례용 속치마의 일종이다. 대개 모시를 12폭 이어 만들었는데 길이는 겉치마 길이 정도에 치맛단에는 너비 4cm의 창호지 백비를 모시로 싸서 붙여 겉치마의 아래가 더 퍼지도록 하였다.

8) 속적삼

여성들의 상의 속옷으로 가장 안에 입는 속옷이 속적삼이다. 속적삼은 홑으로 된 속저고리로, 겉저고리보다 치수를 약간 작게 하였다. 조선 여성들은 삼복더위에도 적삼 하나만 입는 경우는 거의 없었고 속적삼을 속옷으로 받쳐 입었다.

또 삼작저고리라 하여 겉저고리·안저고리·속저고리를 겹쳐 입었는데 안저고리 역시 속옷이었다. 속적삼은 주로 땀받이용으로 사용되었다. 이렇듯 조선시대 여성들의 옷차림은 상의나 하의 모두 인체를 겹겹이 감싸는 구조가 특징이다.

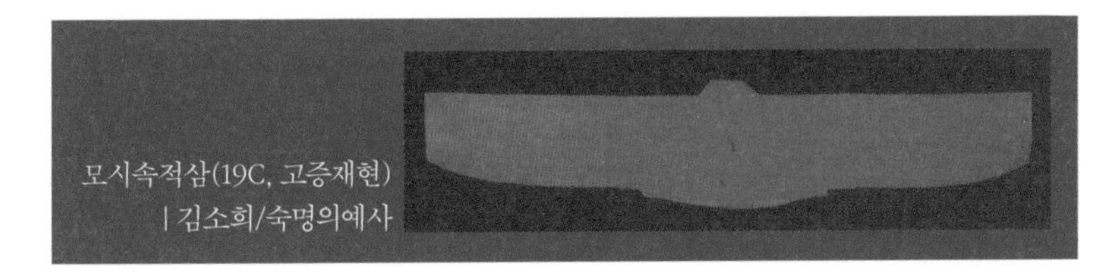
모시속적삼(19C, 고증재현)
| 김소희/숙명의예사

또 짧아진 저고리와 치마 사이로 노출된 가슴과 겨드랑이 속살을 가리기 위해 꼭꼭 둘러 싸맨 가리개용 허리띠는 일명 치맛말기 또는 가슴가리개라고도 했다. 이는 치마에서 언급한 것처럼 여성들의 건강을 해치는 잔혹한 패션이었다. 조선 여성들의 가슴띠 패션은 20세기 서양에서 대유행한 마돈나의 코르셋 패션, 입생로랑의 란제리 패션 등 속옷을 당당히 겉옷으로 드러낸 포스트모던 스타일에 비견되는 조선의 해체주의 패션이라 볼 수 있다. 남녀유별에 따른 정숙함의 강요가 가슴띠라는 속옷이 겉으로 드러나는 정숙에 반反하는 패션 현상을 낳았음은 아이러니한 일 아닌가?

속옷은 주로 무명으로 만들었다. 면의 일종인 무명은 흡수성과 흡습성이 좋아 위생적이고 세탁이 손쉬울 뿐 아니라 경제적이라 많이 쓰였다. 명주로 만드는 예복용 속옷도 있었다. 겨울에는 추위를 막기 위해 원단에 솜을 넣어 누비 속옷을 만들기도 했다. 여름에는 모시, 생명주, 항라, 사 등이나 삼베를 사용하는데 특히 안동 및 경북 지역에서만 입었던 살창고쟁이는 거의 대부분 삼베로 만들었다. 봄가을에는 옥양목이나 항라, 명주 등으로 만들며 색상은 주로 흰색, 옥색, 회색 등을 사용하였다.

기생

조선 패셔니스타

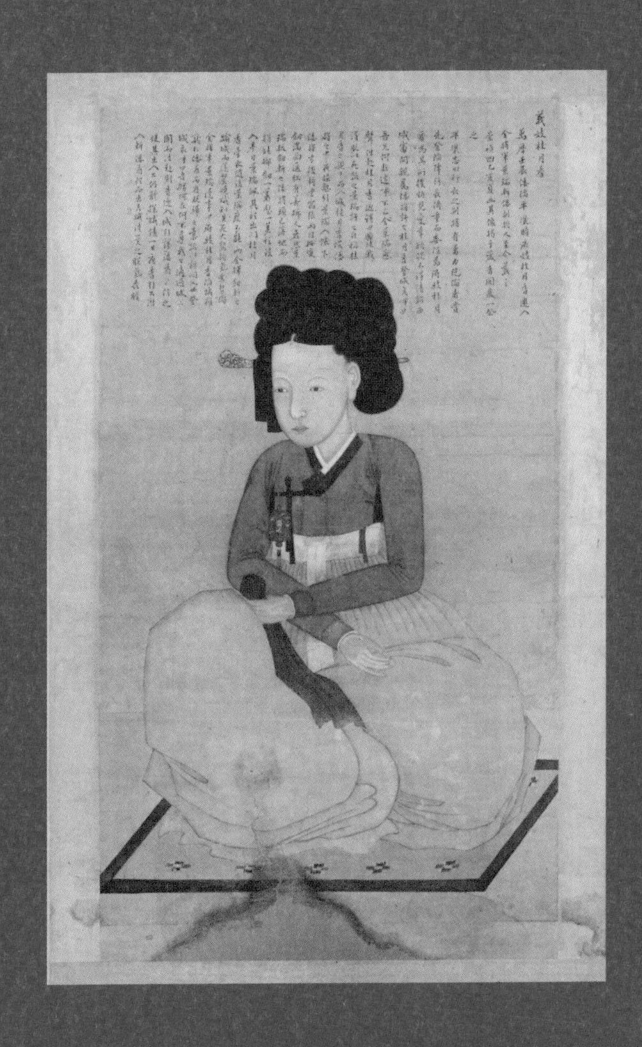

계월향 초상 | 작자 미상

조선의 서민 여성들은 일하는 기계였다. 유교적 남녀유별의 수직적인 주종관계에서 남편을 상전으로 모시며 아이를 낳아 키우는 도구에 불과한 존재였다. 당시 한 집에서 여섯에서 아홉 명의 아이를 낳는 것은 흔한 일이었다. 애들을 키우며 밥과 빨래를 하고 농사를 지으며 베를 짜고 식구들의 옷을 지었다. 가히 초능력을 가진 여성들이었다.

여성 최하위 천민층인 여종과 기생은 인간 이하의 비참한 삶을 살았다. 관노든 사노든 여종은 탐욕스러운 관료, 혹은 주인 남자의 성적 노리개였고 이들의 요구를 거절하면 매를 맞아 죽는 것도 다반사였다. 또 반강제로 관리들의 수청을 든 관기가 애를 낳아도 남자는 양육의 책임이나 의무가 없었다. 아이 양육은 기생 책임이었다. 그리고 그 자식은 관노가 되거나 어머니의 업을 이어 또다시 기생 팔자로 살아야 했다.[39] 유교 이데올로기의 강령으로 만들어진 조선의 신분 질서는 여성들을 무자비하게 유린하였다.

이렇듯 출생과 동시에 정해진 신분 구조는 개인을 엄격히 규제하였고 특히 백정이나 광대, 창기 같은 천민은 그 제약이 매우 심했다. 그러나 그 가운데서도 기생은 신분 제약의 고난과 혜택을 동시에 누릴 수 있는 특별한 존재이기도 했다.

춤이나 노래, 풍류로 유흥을 제공하거나 직업적인 매춘을 하는 특수계층인 기생은 사회적 신분으로는 천민층에 속했으나 사대부 남성들과 왕에게 즐거움을 주는 존재로 사랑을 받으며 복식금제에서 완전히 자유로울 수 있었다. 그러나 그녀들은 제도에 의해 사랑을 강요당하고 또한 그 제도에 의해 버림받을 수밖에 없는[40] 비련의 존재이기도 했다. 양반과 기생 사이의 풍류는 양반 남자에게는 스쳐가는 쾌락이었으나 기생에게는 굴욕적인 생존의 터전이었다. 그녀들은 허망한 사랑에 허우적거리는 비난과 지탄의 대상이면서, 예정된 사랑과 이별을 반복해야 하는 핍박받는 서글픈 존재였던 것이다. 그래서 기생들은 기생이 아닌 일반 여자로서의 삶을 살기를 염원하였다. 기생의 삶을 마감하는 일은 자신들이 상대하는 남성의 첩이 되는 것이었다.[41]

조선 사대부 사회에서 남자들이 자신이 소유한 여자 노비나 남자 노비의 아내를 성적으로 착취하는 것은 흔한 일이었다. 조선의 결혼 제도는 일부일처제를 표방했으나 유교적 질서에 따라 그 적용은 남녀에게 달랐다. 남자는 부인이 있더라도 첩들을 여럿 거느릴 수 있었으나 여성은 이혼이나 과부가 된 경우에도 수절을 강요당했다. 남자를 꿈속에서만 만나도 죽을죄였다.

17세기 이후 서울이 상업 도시화되면서 향상된 경제력은 소비와 유흥 문화를 발달시키는 동력이 되었다. 당시 술을 빚는 집이 다섯 가구마다 적어도 두세 가구는 될 만큼 많았고, 서울에 유입되는 쌀의 삼 분의 일은 술을 만드는 데 쓰였으며, 푸줏간의 소고기와 시장의 생선 대부분이 주점의 술안주로 쓰이는 것이 일상이었을[42] 정도로 과소비 현상이 두드러지게 나타났다.

또 실학의 등장과 함께 봉건적 신분제의 경계가 약해지면서 그간 유교 이념에 억눌려 있던 여성들의 본능적인 자기 과시 욕구가 패션으로 분출되는 현상이 나타난다. 이러한 조선 사회의 변화는 여성 패션에 다양하게 반영된다.

가장 대표적인 것이 극단적으로 상체에 밀착되고 짧아져 가슴이 드러나는 저고리, 이와는 대조적으로 최대한 부풀려진 치마의 상박하후 실루엣이 바로 그것이다. 그리고 또 여성들의 남성 장옷 차림과 과시적인 사치의 정점을 찍은 가체가 있다. 이러한 당대 패션 현상에 대하여 『성호사설星湖僿說』이나 『증보문헌비고增補文獻備考』는 매우 해괴한 현상으로 마땅히 금해야 하는 '복요', 즉 복식의 요사스러운 현상이라 기록하고 있다.

이런 사회적 변화와 함께 기녀들이 패션의 유행을 선도해갔다. 당시 기녀들은 돈 많은 사대부 남성의 첩이 되는 것이 꿈이었고 이를 위한 수단으로 당대 패션을 적극 활용하였다. 이들은 상하가 극단적으로 대비되는 상박하후 스타일의 요염하고 관능적인 패션으로 사대부 남성들의 시선을 사로잡고 유혹했다. 극도로 짧아진 저고리의 도련선은 팔뚝에 터질 듯 붙은 소매 배래선과 일직선이었다. '일一'자의 수평형 저고리로 그 길이는 가슴선 위로 훌쩍 올라갔다. 극단적으로 좁아 벗으려면 소매를 자르기까지 했다 하니 하체 윤곽선이 그대로 드러나는 현대 레깅스 패션에 비견될 만하다. 상대적으로 하체는 7겹의 속옷으로 풍만하게 부풀린 자태로 사대부 남성들의 애간장을 녹였다. 기녀들의 상박하후 실루엣은 조선의 관능적 패션의 대표적 상징이 되었다.

신윤복의 그림 〈전모를 쓴 여인〉은 당대의 패션 리더였던 기생

1 휴기답풍(부분) | 신윤복(이하 동일)　2 단오풍정(부분)　3 청루소일(부분)
4 월야밀회(부분)　5 청루소일(부분)

들의 요염한 자태를 보여준다. 짧은 저고리는 가슴을 드러내고 좁은 품과 소매통이 몸에 최대한 밀착되어 상체를 간접적으로 노출하고 겹겹이 껴입은 속옷들로 부풀려진 치마는 풍만한 하체를 강조한다. 그림은 조선 후기 기녀들의 패션 스타일을 잘 보여주고 있다.

농염한 복요에 이성이 마비된 사대부 남성들은 천민 계급에 속하는 기녀들을 복식금제에서 완전히 자유롭게 하여 그녀들이 관능적인 아름다운 자태를 패션으로 마음껏 노출하고 누리도록 허용하였다.[43] 기생에게 특별 권한을 부여한 것이다.

이 무슨 이율배반적 행태인가? 조선의 남성들은 자신들의 가부장제를 확고히 하기 위해 여성들의 심신에 가했던 속박의 규제를 또 다른 한쪽의 여인들에게는 완전히 풀어주는 이기적인 풍류를 즐겼다. 자신들의 욕망의 잣대로 가해진 여성의 성노예화였다.[44] 그 속에서 조선 여성들의 패션은 관능으로 치달았다.

조선 후기 기생들은 권력의 특혜로 신분을 뛰어넘어 호화로운 비단에서 갖은 장신구에 이르기까지 자유로이 선택해 치장하며 자신들의 아름다움을 뽐냈다. 단순히 몸을 파는 여자가 아니라 춤과 노래에 능하고 지적으로 식견 높은 예인임을 과시하며 자신들의 존재감을 확고히 했다.

기녀들은 홍, 녹, 황, 감색 등 원색의 화려한 비단으로 옷을 지어 입고 가죽신과 금, 은, 옥의 각종 장신구로 치장하였다. 이와 같은 각종 특혜에도 불구하고 복식금제 기록을 보면 반가의 부녀자들에게 허용된 '삼회장저고리'나 '겹치마'의 착용은 금하고 있어 현실적으로 신분에 대한 차별은 여전히 존재했음을 알 수 있다. 그러나 기생들은 이러한 소소한 복식규제마저 거부하고 삼회장저고리, 겹치마를 당당하게 착용하며 그 위세를 떨쳤다. 왕을 비롯한 사대부 남성들은 애간장을 녹이는 그녀들을 통제할 방법이 아무것도 없었다.

이렇듯 기녀들은 복식금제를 무시하고 비단 삼회장저고리와 겹치마는 물론 털 달린 토시, 긴 담뱃대, 부채 등의 소도구를 이용해 화려하고 과시적으로 치장하였다. 내면에 자리 잡은 신분에 대한 열등감을 상쇄시키며 당대 패션을 이끌었다. 또 기녀들이 풍성한 치마를 살짝 걷어 올려 드러내는 속바지는 뭇 남성들의 시선을 완전히 사로잡았다.

여러 겹의 속옷으로 둘러 싸매어 여성성을 구속하는 유교 사회에서 과감히 치마를 걷어 올려 속옷을 드러낸다는 것은 남성 사회를 향한 노골적 반기이자 여성들의 패션 반란이기도 했다. 이러한 기녀들의 패션은 일반 서민 여성들은 물론 사대부집 마님들까지 홀리며 당대 조선의 패션 아이콘으로 오늘날까지 관심을 모으고 있다.

그러고 이 시기 여성들의 또 다른 저항들도 이어졌다. 성리학의 도덕에 짓눌려 욕망을 철저히 억압당한 여성들은 인간적인 삶에 대한 열망이 있었다. 결혼을 거부하거나 결혼 생활을 거부하는 등 사회규범에 저항하기도 했다. 비혼주의는 이미 조선에서부터 존재했다.

조선 후기 기생 만덕은 머릿기생이었지만 확고한 신념으로 자존감을 지키며 자신을 함부로 허락하지 않았다. 이러한 신념과 처신으로 만덕은 기적妓籍에서 벗어나 양인으로 복귀할 수 있었다.[45] 반가

1 야금모행(부분) | 신윤복(이하 동일)　2 쌍검대무(부분)　3-4 주유청강(부분)

여인이 된 만덕에게 구혼자가 쇄도했다. 그러나 여성을 노예 취급하고 무위도식하는 무기력한 남자들에게 환멸을 느낀 만덕은 결혼을 거부하였다. 홀로서기를 자처하고 돈벌이에 나서 재산을 모아 성공한 만덕의 이야기는 조선의 유명한 일화이다. 심지어 결혼한 여성들이 성생활을 거부하는 '동정처' 풍습이 유행하였음은 당시 유교 이념에 억눌린 여성들의 삶의 무게를 짐작하게 한다.

『상감행실도』 열녀 편은 여성이 자신의 생명과 신체를 바쳐 남편을 받들어야 한다고 강변하고 있다. 시부모나 남편이 병에 걸리면 왼손 무명지를 잘라 그 피를 먹이거나 자신의 허벅지 살을 잘라 먹이고, 남편이 죽으면 따라 죽는다는 공포물 같은 이야기도 나온다. 심지어 여자 옷은 남자 옷과 같이 걸어도 안 되는 일상적 천대와 노예화, 그럼에도 그런 여자들에 기대어 무위도식하는 남자들. 이런 비인간성에 일부 여성들은 엄격한 유교 사회에서도 용감하게 결혼 제도에 저항하기도 하였다.

사대부 남성들은 책이나 읽고 당쟁에 빠져 있거나 첩들에 둘러싸여 풍류를 즐기며 무위도식하였다. 대대로 내려오는 전답이나 재산이 없는 일부 사대부 남성들조차 돈을 벌 줄도 모르고 벌어올 생각도 하지 않았다. 이런 남편을 섬기고 모시며 가계를 이끌어야만 했던 규방 여인들의 삶은 여전히 오늘날까지도 관념화되어 잔존한다. 역사는 계속된다. 오늘날의 이 사회도 조선 유교의 이데올로기적 망령 속에서 여전히 허우적거리며 여성들의 설 자리를 압박한다.

사대부가 패션

기생 따라 하기

조반부인 초상 | 작자 미상

누비방령상의(43회 대한민국전승공예대전 입선/15~16C, 여산 송씨 출토 복식 참조) | 이태선

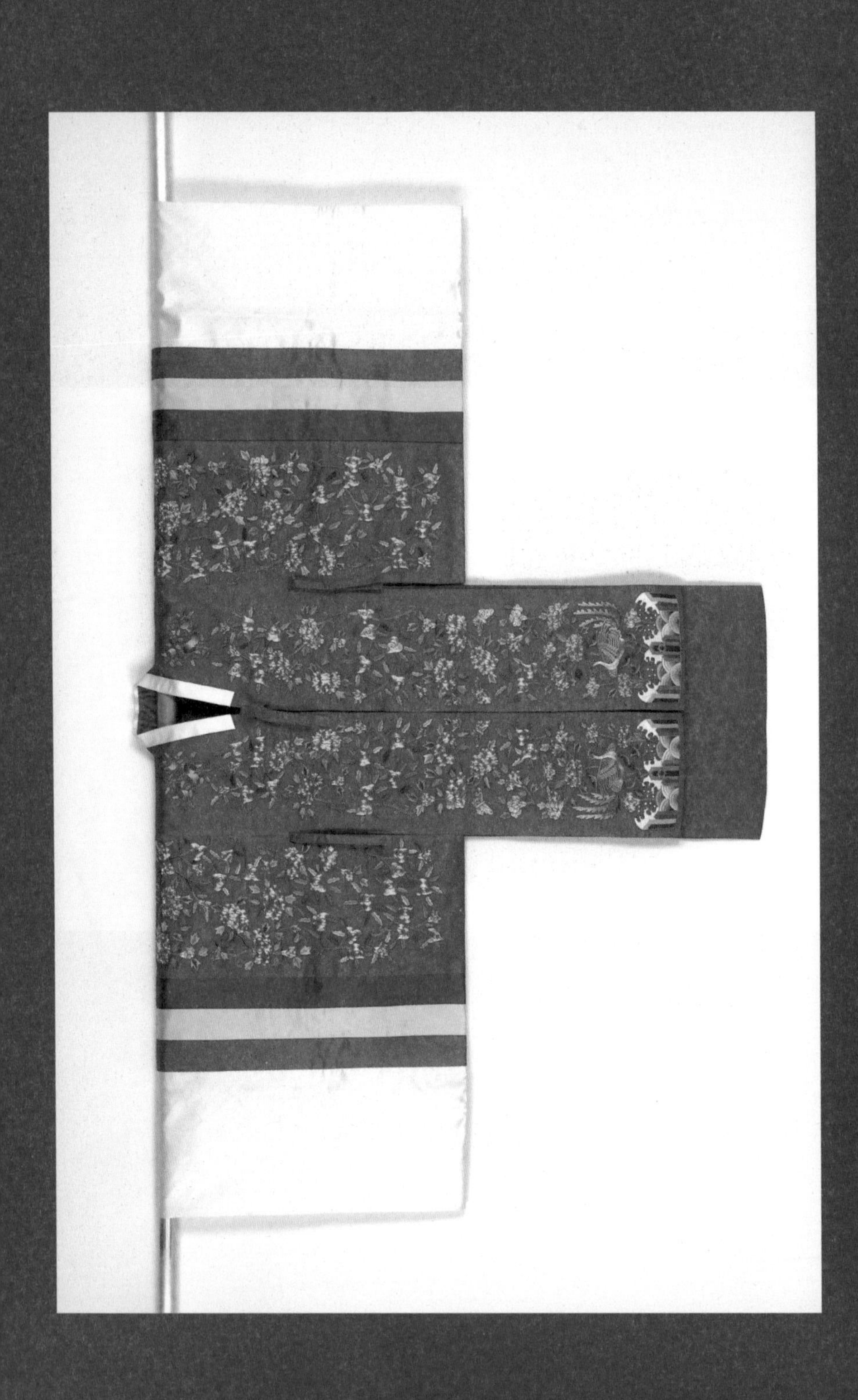

금사활옷 앞면/뒷면 | 최정인 | 서울특별시무형문화재 제12호 자수장

당의(40회 전통공예명품전/18C, 안동 권씨 당의 고증재현) | 배성주

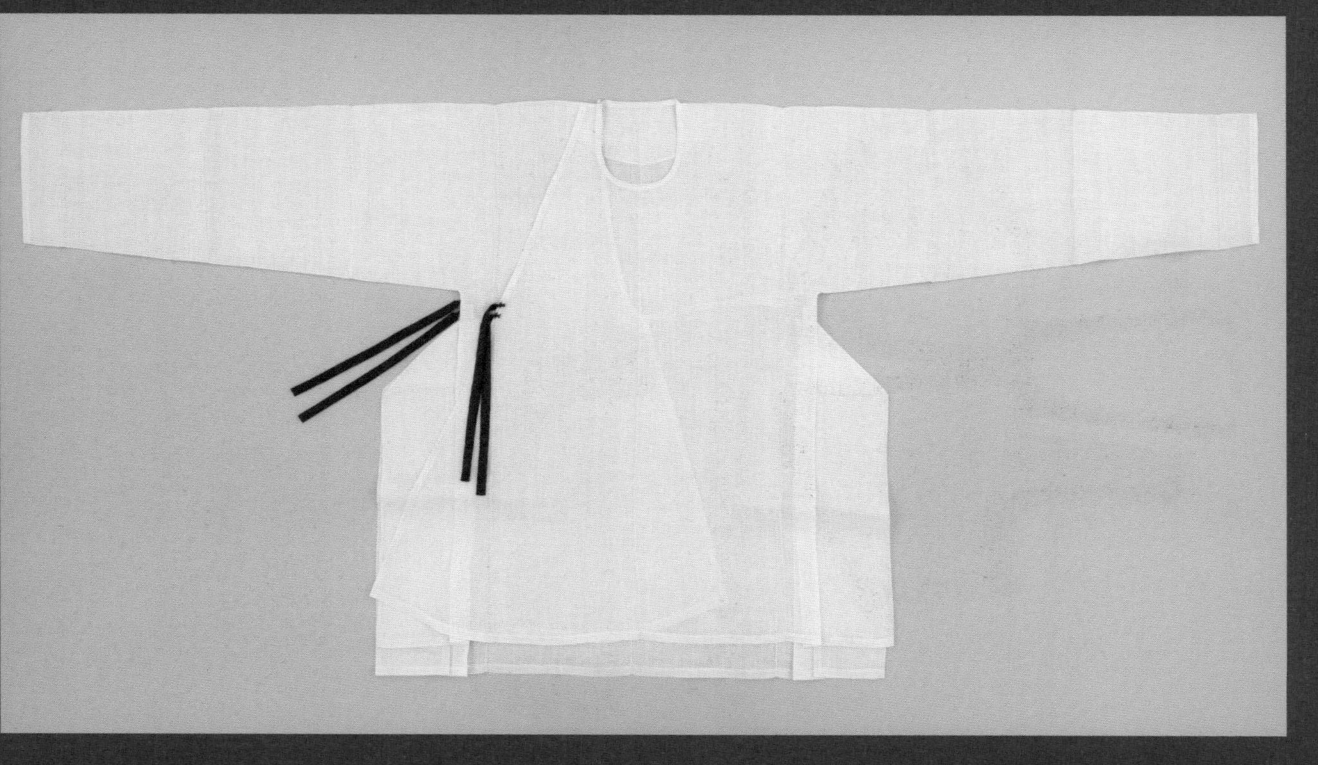

단령(43회 대한민국전승공예대전 특선/16C, 충남 천안 무연고 여성 묘 출토 모시 홑단령 고증재현) | 이민정

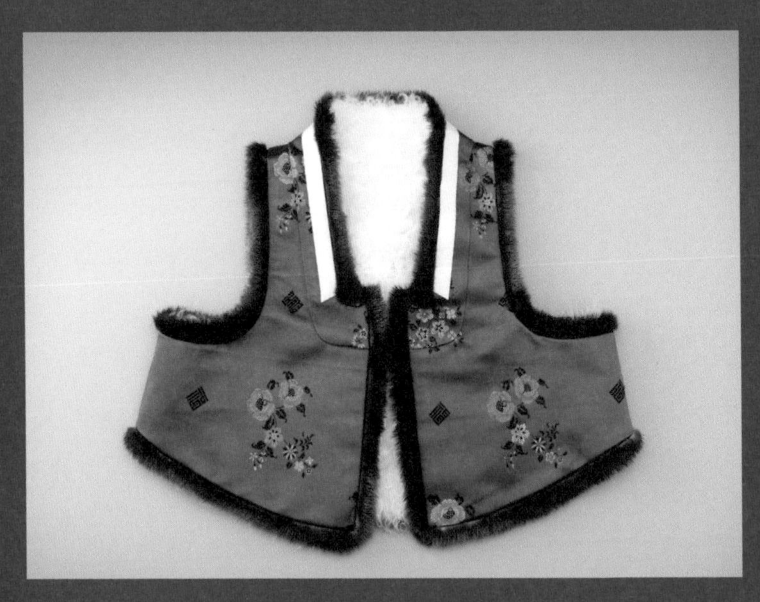

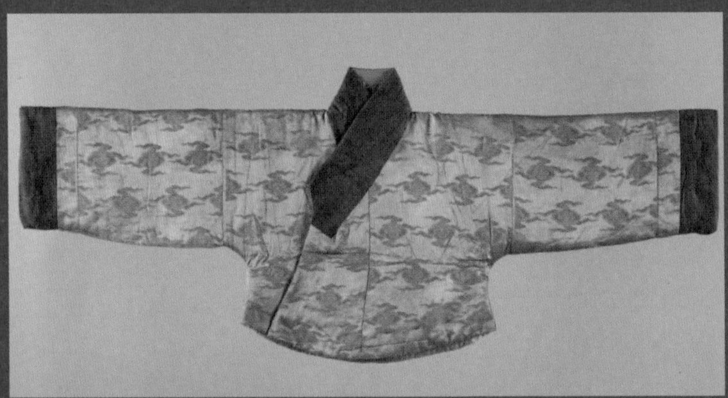

(위)털배자(44회 대한민국전승공예대전 입선/구한말, 고증재현) | 이덕숙
(아래) 여흥 민씨 솜저고리 | 경기도박물관

조선시대 장안의 사대부가 여인들은 어떤 옷차림을 했을까? 영화나 드라마를 통해 재현되는 그녀들의 옷차림은 치마·저고리의 평상복 차림이 대부분이라 당시의 호사하면서도 단아한 자태를 엿보기에는 한계가 있다. 특히 영상 매체로는 조선 당대의 녹색, 수청색, 다갈색, 연한 자색 등 영롱한 자연의 색으로 직조된 사, 라, 능, 단, 금선, 명주, 초, 견 등의 비단 견직물과 포, 마포, 저포 등의 수준 높은 직물들이 빚어내는 격조 있는 아름다움을 느끼기에는 한계가 있다. 조선시대의 화려하고 섬세한 직조물들은 당시 가정경제를 이끌어간 여성들의 고유 영역으로 국가 세금이나 화폐로서의 가치를 가질 정도였다.

당시 자신의 신분을 과시적으로 드러내던 조선 사대부 여인들은 왕실을 능가하는 화려한 금선단으로 치마·저고리를 지어 그 품격이 대단하였다. 또 관혼상제 같은 특별한 행사에는 원삼, 활옷, 장옷이나 단령團領, 조선시대 관리들의 집무복으로 옷깃이 둥근 포袍 등의 두루마기류를 의례용으로 활용하여 가문의 품격을 복색服色, 옷의 빛깔과 꾸밈새으로 드러내었다.

그러나 금선단 등 고급 비단이 빚어내는 화려하고 격조 있는 사대부가 여인들의 복색은 조선 중기를 지나 후기에 와서 파격적인 변화를 맞는다. 여성의 자유, 생활 반경에 제약이 따르는 유교적 사회구조 속에서 사대부 여인들이 기녀들의 선정적인 옷차림을 따라 하는, 이른바 패션의 상향 전파 현상이 나타난 것이다. 이러한 파격적인 변화는 사실 현대 사회의 패션 풍속도와 크게 다를 것이 없으나 당시 조선 사회에서 사대부 여인들이 기녀 옷차림을 따라 한다는 것은 상상조차 할 수 없는 일이었다.

조선 전반기는 신분에 따른 소재 사용과 복식금제를 자주 선포할 정도로 화려하고 사치스러웠음에도 여흥 민씨 같은 일부 사대부 여인들은 사치를 멀리하고 검약한 생활로 가문을 위해 헌신하였다. 그녀들은 길쌈을 생업으로 삼았고 바느질 솜씨 또한 뛰어났다. 가문의 명예와 품위, 정절을 무엇보다 중시하던 사대부 여인들의 가치관 변화에는 19세기 실학의 등장과 함께 나타난 신분제 붕괴 현상이 한몫했다.

평상복과 예복

사대부가 여인들의 평상복과 예복은 그 차림에 차이가 있다. 평상시에는 50cm 전후 길이의 단저고리에 평상복 치마를, 외출 시에는 옆트임이 있는 약 80cm 길이의 장저고리, 혹은 대금형 저고리 등을 입었다. 특히 관혼상제와 같은 의례에서는 상황에 따라 원삼, 활옷, 장옷, 단령, 장삼 등 두루마기류의 겉옷을 입었음이 눈길을 끈다. 대표적인 예복으로 원삼, 활옷, 단령의 포袍류를 들 수 있고 치마로는 스란치마가 있다.

평상시 입는 상의는 저고리, 적삼, 한삼이 주류를 이루는데 저고리 길이에 따라 장저고리, 그리고 중저고리, 단저고리로 나뉜다. 허리 밑선이 약 50cm 길이인 삼회장저고리와 품이 넓으면서 세로로 색을 달리해 면을 분할한 회장저고리는 단저고리에 속한다.

삼회장저고리는 신혼 때 주로 입었고 나이가 들면 반회장저고리나 민저고리를 입기도 했다. 저고리는 계절에 따라 주로 양단이나 명주 등의 비단으로, 때로는 무명으로 만들어 입었다. 당시 가장 많이 눈에 띄는 무늬는 운문, 연화문이고 무늬 없는 직물도 많이 애용되었다.

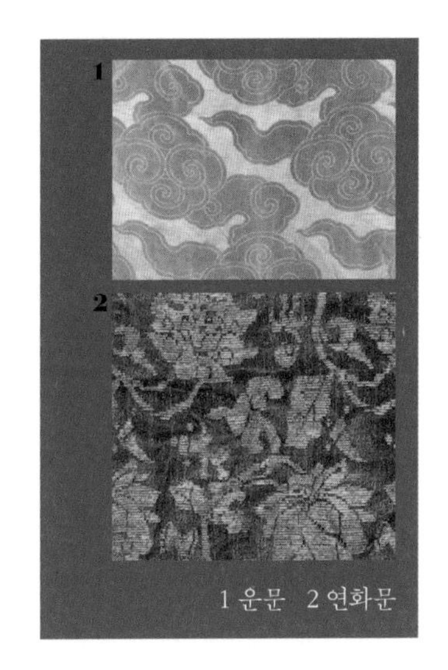
1 운문 2 연화문

사대부 여인들은 특별한 행사나 외출할 때 회장저고리 위에 장저고리 등 '덧저고리'를 입었다. 예장용 덧저고리로 15~16세기의 저고리 앞길 좌우 여밈이 맞닿는 대금저고리가 눈길을 끈다. 대금저고리는 금선을 둘러 공작 흉배胸背를 직조해 만든 것도 있고, 어깨 부분에 화려한 문양을 직금한 비단을 덧대어 마치 금박을 한 듯한 것도 있어 사대부 여인들의 화려한 의생활을 엿볼 수 있다. 또 회장저고리 밑에 속저고리로 적삼을 입었는데, 이는 홑으로 만들거나 다양한 소재와 색상을 이용해 겹옷으로 만들어 입기도 했다.

사대부 여인들은 간이 예복인 소례복으로 치마·저고리 위에 당의를 착용하였다. 당의는 주로 녹당의를 입었는데, 초록색 겉감에 다홍색 안감을 받치고 겉고름은 자주색, 안고름은 빨간색으로 달고 소매 끝은 자주 끝동에 창호지로 만든 흰색 거들지를 달았다.

사대부 여인들의 예복으로는 원삼과 활옷이 으뜸이다. 겉은 초록색, 안은 홍색의 녹원삼을 입었고 반가는 물론 서민층의 혼례에도 사용이 허락되었다. 녹원삼 안쪽 가장자리에는 청선을 두르고 앞보다 뒤가 길었다. 넓고 긴 소매 끝에는 홍, 황의 색동과 백한삼白汗衫이 달려 있다. 가슴과 등에는 쌍봉雙鳳을 수놓은 흉배를 달았다. 활옷은 사대부가 혼례에서 주로 착용하던 예복으로 나중에는 서민 혼례에서도 착용했다.

이 외에도 사대부 여인들은 조선시대 관직자들이 입는 단령포를 외부 중요 행사의 예복으로 입기도 했다. 단령에는 남편들의 관직과 반드시 일치하지는 않으나 공작, 호랑이, 백한白鷴, 꿩과의 조류, 호표虎豹, 호랑이와 표범 등의 흉배를 사용하였다.[46] 당시 반가의 부녀들이 원삼이나 단령에 흉배를 달고 다니는 행태를 비판하는 기록이 있는 것을 보면 패션으로 가문의 위세를 과시하는 문화가 사회적으로 팽배했음을 엿볼 수 있다.

이 외에 겨울에는 저고리 위에 배자褙子를 입었다. 배자는 장배자, 단배자가 있는데 조선 후기에는 남녀가 모두 입었다. 겉은 비단으로, 안은 모피를 대거나 누빈 것도 있다. 또 저고리 위에 덧입는 품과 소매가 넉넉한, 엉덩이선 길이의 갖저고리초구貂裘, 담비의 모피로 만든 갖옷으로 상류층이 입었다가 있다.

사대부 여인들의 치마는 매우 스타일이 다양한데 평상복 치마를 비롯하여 접음단치마, 치마 앞부분을 접어 올린 전단후장형 치마, 스란치마 등 다양한 스타일의 예복용 치마가 있다. 명주, 양단, 사, 초

1

2

3

1-2 흉배 | 최정인　3 청녹단령

등 다양한 비단 소재에 색은 두록斗綠의 녹색 계열이나 다갈색, 자색, 남색, 청색이 많은데 사대부가에서는 채도가 낮은 자색을 사용했을 것으로 추측된다. 청색은 쪽염으로 색을 내기도 하였고 특히 조선 전기에는 홍화紅花의 대체 염료로 일본에서 수입된 소목蘇木, 약제로 쓰는 다목의 붉은 속살이 대유행하기도 했다.[47] 동절기에는 솜을 두거나 누비치마를 입기도 했다.

이 가운데 파평 윤씨 가문의 사자흉배무늬 금선단 스란치마를 보면 당시 사대부가 여인들의 화려한 의생활을 짐작해볼 수 있다. 16세기 출토품인 청주 한씨의 치마에는 포도동자문葡萄童子紋 쌍스란이 직금되어 있고 15세기 숙부인 원주 원씨의 홑치마 중에도 포도동자문이 있다. 이 치마는 앞길이가 104cm, 뒷길이가 127cm로 앞부분에 덧주름을 잡아 치마 앞쪽은 짧고 뒤가 끌리는 버슬 스커트 형태이다. 이런 형태의 홑치마는 16세기 정경부인 은진 송씨의 명주치마에서도 볼 수 있는데 앞길이가 101cm, 뒷길이가 129cm로 치마 앞 3폭은 짧게 재단하고 그 옆 폭에는 다트를 잡아 뒤가 끌리게 만든 치마이다.

이 외에도 치마 속에 입는 무지기치마가 있다. 무지기는 특수복으로 상류층에서 정장을 차려 입을 때 치마 밑에 입는 속치마의 하나이다. 겉치마를 잘 부풀도록 잡아주는 현대의 페티코트 같은 역할을 하였다.

무지기치마 위에는 특히 궁중에서 사용하던 속치마의 일종으로 대슘치마를 입었다. 이는 정장을 할 때 대란, 스란치마 속에 입는 치마로서 모시 12폭으로 끌리지 않을 정도의 길이로 만들었다. 그리고 4cm 너비의 창호지 백비를 만들어 모시로 싸서 치맛단에 돌려가며 붙였다.[48] 이는 겉치마 아래위를 버티게 해주기 위한 것으로 "서도 앉은 것 같고 앉아도 선 것 같은 자세"를 갖게 하였다.[49]

무지기, 대슘치마의 입는 순서에 대한 기록이 모호한데 궁중 정장 차림의 A라인 실루엣의 완성을 위해서는 무지기, 대슘치마, 겉치마 순으로 입었을 것으로 짐작된다. 치마 무늬는 운문, 연화문이 많이 애용되었고 포도동자문을 직금하는 등 매우 화려했다.

치마 속바지로 밑이 막힌 합당고合襠袴, 밑이 트인 개당고開襠袴형 단속곳을 입었는데, 계절에 따라 홑바지, 누비바지, 혹은 바짓단에 장식선을 댄 바지 등 그 스타일과 양태에서 다양한 디자인 감각을 엿볼 수 있다. 특이한 점은 사대부 여인들이 말을 탈 때 어깨끈이 달려있는 말군襪裙, 폭을 주름 잡아 통이 넓은 바지을 입었는데, 이 말군을 입지 않고 말을 타면 기녀로 보고 채찍질을 하였다는 기록에서[50] 말군은 사대부 여인들의 주요한 상징적 역할을 했음을 알 수 있다.

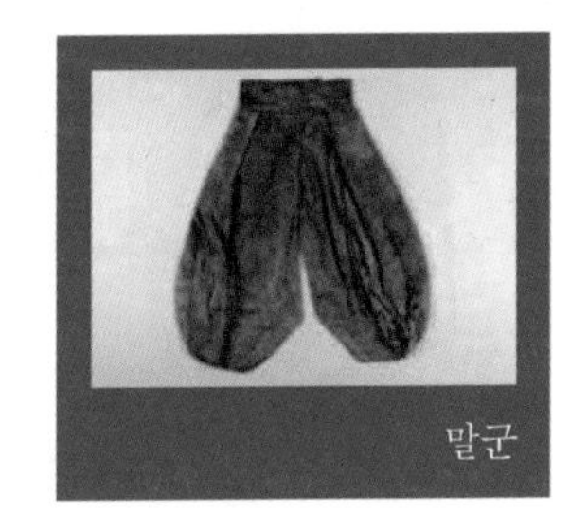
말군

기생 따라 하기

이렇게 조선 중기까지 품위 있고 단아한 모습으로 가문의 위세를 당당하게 과시하던 사대부가 여인들의 패션은 후기로 접어들어

1 연소답청(부분) | 신윤복(이하 동일)
2 문종심사(부분)

자존의 경계가 허물어지며 파격적으로 변화한다.

조선 후기 장안의 양반들은 매우 호사스러운 생활을 했다. 신윤복의 〈연소답청〉 그림은 그 한 단면을 보여준다. 진달래꽃 피는 봄이 되자 반가의 자제들이 꽃놀이를 즐기기 위해 기생집을 떠나는 장면이다. 말 위에는 기생이 한 명씩 올라타 있고 반가의 자제들이 엄격한 신분 사회에서 천민인 기생들이 탄 말을 끌며 하인처럼 그녀들의 시중을 들고 있다.

말을 탄 기생들의 옷차림을 보라. 머리에는 커다란 가체를 이고 도련이 가슴 위로 훌쩍 올라간 터질 듯이 좁고 짧은 저고리를 입고 있다. 치마는 반대로 최대한 풍성하게 부풀려져 요염하고 관능적이다. 저고리는 너무 짧고 좁으며 치마는 너무 길고 넓어 요사스럽다는 지탄이 끊이지 않았다.

조선 후기 기생을 특징짓는 이러한 관능적인 상박하후 패션에 정신을 빼앗긴 사대부 남성들은 자신의 처첩들에게까지 기녀 패션을 따라하도록 권유하기에 이른다.[51] 실제로 조선 후기 문신 이연응 묘에서 출토된 삼회장저고리에서 몸판이 작고 길이가 짧으며 소매통이 극도로 좁아진 단소화된 저고리의 모습을 확인할 수 있다.

이처럼 기생들에 현혹된 사대부 남성들의 방탕한 생활에도 불구하고 사대부 여인들은 스스로 결혼 전에는 아버지를, 결혼 후에는 남편을, 남편 사별 후에는 아들을 섬기는 '삼종지도三從之道'를 부녀자의 운명으로 받아들였다. 방탕한 남편이라도 하늘처럼 떠받들며 성리학적 질서에 순응하는 삶의 태도를 미덕으로 받아들였다.

그러나 기녀들의 관능적인 옷차림이 촉매 역할을 했다. 남편의 시선과 사랑을 붙잡기 위해 도리가 없었다. 기녀들의 매혹적인 차림을 권유했던 사대부가 남편들의 강요도 있었으나 유교적 관념에 짓눌려 잠자고 있던 여성으로서의 본능도 한몫했다.

상황이 이렇다 보니 사대부가 처첩들은 앞다투어 기생 패션을 따라 하기에 이르렀고 서민 여성들까지 이에 합세하여 사회적으로 큰 파장을 불러왔다. 조선시대 궁궐 안 패션 리더가 왕과 왕비였다면 궁궐 밖에서는 기생들이 패션 리더였다. 이른바 패션의 상향 전파 현상이 조선에서 일어난 것이다.

기녀들의 요염한 패션은 17세기 이후 실학의 전파와 신분제 해체에 따른 사회 현상의 일환인데, 조선 중기(15세기) 황진이를 다룬 영화나 드라마에서도 19세기 이후의 상박하후 스타일이 등장하는 것은 시대와 맞지 않는 패션 표현이다. 그만큼 19세기 기녀들의 복식은 관능의 표상으로 자리잡았다.

사대부 남성들이 기생의 옷차림을 처첩에게 권하는 행태에 대해 사회의 비판적인 시선과 질타가 쏟아졌다. 그럼에도 사대부 여인들은 너 나 할 것 없이 기녀의 복색을 따라 하였고, 이에 대해 세간에서는 규중 부인들이 모두 기생 차림을 하고 있다고 한탄하였다 한다.

성적 매력을 부각하여 여성성을 강조한 기녀들의 상박하후 스타일은 유교적 도덕에 억눌린 사대부 여인들의 욕구를 발산하고 정화하는 패션치유의 효과도 있었다. 동시에 이는 남편의 눈길을 자신에게 돌리고자 하는 피나는 노력의 일환이기도 했다.

세간의 질타에도 기녀를 따라 한 사대부 여인들의 이 같은 패션 행동은 유교적 규범에 대한 도전이요, 반란으로 봐야 할 것이다. 그러나 보다 주목할 것은 부부지만 주종관계로 군림하는 사대부 남성들에게 자신의 여성성을 인정받기 위한 몸부림이기도 했다는 점이다. 신분의 자존감이나 품격보다 사랑받고자 하는 여성적 본능이 더 중요했던 것이다. 현대 패션에서 가장 중요시되는 디자인적 요소가 '관능성' 아닌가? 바로 이런 맥락에서 현대적 패션은 조선 사대부 여인들에게서 시작되었다고도 할 수 있다. 조선의 여인들은 이토록 순종의 미덕과 대담한 관능성 사이의 이율배반적인 극단을 오가며 타고난 영민함과 자존감, 본능적인 여성성을 뒤섞어 선도적이고 풍요로운 스타일을 만들어냈다.

장옷

조선 매니시 패션

연소답청(부분) | 신윤복

누비장옷(36회 대한민국전승공예대전 한국중요무형문화재 기능보존협회 이사장상/조선 후기) | 김재은

장옷 | 국립민속박물관

20세기 이후 현대 패션에서 유니섹스, 매니시 패션, 젠더리스 등 남녀 혼성 패션을 지칭하는 패션 용어들은 이제 별 흥미를 끌지 못한다. 그만큼 혼성 패션은 자연스러운 현상이 되었다. 그러나 수백 년 전 '남녀유별'을 내세우는 조선 유교 사회에서 여성의 남성 옷차림이 과연 허용될 수 있었을까?

장옷은 본래 조선 초기 왕을 포함해 남성들이 평상복으로 입던 두루마기(포袍)의 한 종류이다. 『가례도감의궤嘉禮都監儀軌』의 임금 의대衣襨 목록에는 수많은 장옷에 대한 기록이 있다. 선조 26년1593 왕의 묘소에 사용할 의대를 준비하면서 『국조오례의國朝五禮儀』에 따라 왕후의 대렴 90벌 중에 장옷이 50벌이나 사용되었다는 기록도 있다.[52] 이를 볼 때 조선 전기부터 왕족은 물론 서민들까지 남녀 모두 장옷을 겉옷으로 착용하였음을 알 수 있다. 특히 사대부가 여인들의 의례복으로 애용되었다.

조선 전기의 장옷은 품이 넉넉해서 남녀 구분이 쉽지 않다. 저고리와 마찬가지로 고려와 조선 전기의 두루마기는 남녀가 크게 구별되지 않았다. 장옷의 유래는 고구려 벽화에서 그 흔적을 발견할 수 있다. 당시 남녀 모두 같은 저고리, 바지, 두루마기를 입었고 장옷은 고대부터 여성들이 입어온 유니섹스 모드의 겉옷이었다, 장옷은 고려

고구려 무용총 옥우도(부분)

를 거쳐 조선 초로 이어지며 디테일의 미세한 변화가 있을 뿐 그 구조는 대동소이하다.

조선 건국 이후 가부장적 유교 사회는 남녀유별을 내세우며 여성들의 옷과 장신구에 대한 제약부터 시작하였다. 신분에 따른 철저한 복식금제가 법제화되어 지배계층은 물론 서민들의 복식 착용에도 엄격한 구분을 두었다. 이러한 이유로 중종 17년1522에는 사치풍조를 내세워 서민 여자들의 백색 모시 장옷 착용을 금지하는 법령을 선포하기에 이르렀다.[53] 조선 건국 이후 여성 복식에 대한 규제가 지속적으로 강화되었음을 알 수 있다.

여성이 남성 장옷을 착용하는 행태에 대하여 『세조실록』은 복요 현상으로 간주해 금지해야 한다고 기록하고 있다. 세조 2년 양성지는 "의복은 남녀 귀천의 구별이 있는 법인데 여자들이 남성 장옷을 입는 풍습은 복요이니 금해야 한다."는 상소를 올렸다. 하지만 이런 사대부 남성들의 개탄에도 여성들의 장옷 착용을 막을 수는 없었다. 행동반경이 철저히 제한되고 남편에게 종속된 당시 가부장제 사회에서 여성이 남성의 겉옷인 장옷을 외출용 패션으로 사용하였음은 일종의 사회에 대한 도전과 저항으로 봐야 할 것이다.

장옷은 저고리에서 길이만 확장된 형태와 같다. 조선 전기 저고리처럼 대부분 넓은 목판깃으로 깃이 겉길, 안길 안쪽에 달린 것이 저고리와 다르다. 겨드랑이 아래 사각형 옷감을 사선으로 접은 무가 달려 있거나 겉섶·안섶이 크기가 비슷하여 좌우대칭을 이루는 것, 안섶이 한쪽에만 있어 비대칭을 이루는 것 등, 그 세부사항이 약간

씩 달라 다양한 멋을 내고 있다.

또 16세기 안동 권씨의 장옷 소매 끝에는 흰색 거들지를 넓게 댄 것도 눈에 띈다. 여성용 장옷은 보통 무늬 있는 비단으로 만드는데, 이와 함께 초, 명주, 모시, 무명 등의 옷감에 솜을 두거나 누비기도 하고 겹, 홑 등 다양한 모습이다. 색상은 두록의 녹색 계열, 살색, 남색, 혹은 대홍색, 자색, 검정 등 상색常色이 주류를 이루고 누런 갈색의 침향색도 보인다. 문양은 대체로 연화문이 많다.

17세기 조선의 서울은 상업 도시로 전환을 꾀하면서 사람들의 삶의 방식과 가치관에도 일대 변곡점을 맞게 된다. 조선 후기로 갈수록 내외법은 더욱 강화되고, 내외법에 묶여 바깥출입이 통제된 여성들이 그나마 남편의 허락을 받고 외출할 때 얼굴에 쓰던 쓰개치마는 장옷으로 바뀌게 된다. 겉옷으로 입는 장옷이 머리에 쓰는 형식으로 변화한 것이다. 내외법이 강화되었어도 장옷은 여전한 조선 여성들의 것이었다. '부부유별', '남녀유별', '신분유별'의 사회적 통제에 억눌려 지내면서도 굴하지 않고 지속적으로 장옷을 착용한 것은 일종의 남성 권위에 대한 도전이요, 사회적 차별에 대한 본능적인 욕구의 분출이라는 상징적 의미를 갖는다.

이와 비슷한 현상이 수 세기 후 20세기 서양에서도 재현된다. 서양의 귀족사회 역시 남성 귀족들이 부와 권력을 독점한 사회였다. 20세기에 등장한 당대 패션의 거장 샤넬은 남성 슈트의 재킷을 여성용으로 전환한 매니시 패션의 창시자였다. 이는 20세기 서양 패션사에서 여권 신장을 위한 하나의 패션 혁명이었다.

인물사진엽서_장옷 입은 여인들

20세기 귀족사회의 끝자락, 여전히 남성이 주도하는 사회에서 서양 여성들 역시 남성들에게 의존적인 삶을 살아갔다. 경제력과 권력을 갖춘 남성들의 존재는 거역할 수 없는 힘이자 절대자였다. 이에 샤넬은 남성과 동등해지고 싶은 여성들의 욕망을 패션으로 분출하였다. 코르셋과 치렁치렁한 치맛자락에서 여성을 해방하고 남성 슈트를 여성복으로 차용해 현대 여성의 혁신적인 매니시 패션을 세계화시켰다. 이보다 한 세기 훨씬 앞서 유교적 조선에서 세간의 질타에도 불구하고 여성들이 남성 장옷 착용을 고집했던 것은 일종의 도전이자 반란이었다. 세계 패션사에서도 성평등과 여성 해방의 욕구가 분출된 보기 드문 사례이기도 하다.

이 장옷이 개화기 들어 짧아졌다. 이러한 얼굴가리개 패션의 변화는 개화기 들어 한국 여성들의 인권이 조금은 나아졌음을 알 수 있는 흥미로운 부분이다. 당시 여학생들은 날씨와는 상관없이 우산을 필수품으로 항상 쓰고 다녔다. 이는 장옷을 대신한 얼굴가리개용 패션이었다.

궁중 패션

왕후의 격식

명성황후 표준 어진 | 운현궁 소장

영친왕비 적의 앞면/뒷면 | 국립고궁박물관

흥선대원군 조복(43회 대한민국전승공예대전 장려상/19C, 고증재현) | 신애자

이구 도류문단 자적룡포 | 국립고궁박물관

홍원삼(43회 대한민국전승공예대전 입선/20C, 덕혜옹주 복식 참조) | 박영애

영친왕비 원삼 | 국립고궁박물관

전 고종배자(42회 대한민국전승공예대전 입선/조선 후기, 유물 참조) | 김윤희

왕비를 비롯해 세자빈, 공주, 옹주 등 조선 왕실의 적통 여성들이 입은 대표적인 궁중 예복으로는 적의, 노의, 원삼, 활옷, 당의 등이 있다. 이 가운데 적의는 왕비 예복 중 가장 으뜸인 왕실 적통 여성들이 착용하는 법복으로 그 구성과 격식의 웅장함은 어디에도 비견될 수 없을 정도로 장대하다. 노의는 왕비의 일상복이자 정4품 이상의 정부인이 입던 겉옷(포袍)이다. 원삼은 왕실에서 반가에 이르기까지 내외명부가 널리 착용하였던 당대의 대표적인 부인 예복이다.

적의

적의翟衣는 왕비와 왕세자빈, 왕세손빈을 비롯하여 왕대비나 대왕대비 같은, 왕실의 적통을 잇는 비빈이 착용하는 대례용 법복이다. 꿩적翟문양을 수놓는 것이 특징이다. 조선시대 꿩은 상서로운 새로 신성시 여겨 민간에서 함부로 사용할 수 없는 복식 문양이었다.[54] 왕족의 영광과 위용을 상징하는 길상의 의미로 왕실의 법복 문양으로 사용되었다.

왕비나 왕세자빈의 혼례, 그리고 신랑이 신부의 집에 가서 신부를 직접 맞이하는 의식인 '친영의親迎儀'와 신랑과 신부가 맞절하고 마주 앉아 술잔을 나누는 의례인 '동뢰연同牢宴' 등에서 착용했다. 그 외에 경축일 등 왕세자와 문무백관 신하들이 조정에서 국왕에게 인사를 올리던 의식인 조하의朝賀儀나 궁중연회에서도 착용했다. 또 궁중제례에서 제복祭服으로, 사후 시신을 입관하는 절차에 착용하는 대렴의大斂衣로도 사용했다. 이렇듯 궁중 행사는 물론 왕실 적통의 여

성 배우자들은 수의로 적의를 입는 경우도 있었다.[55]

다만 적의는 왕실 여성의 신분에 따라 색상과 무늬 등에 차이를 두었다. 왕비는 대홍색, 왕세자빈은 아청색 적의를 착용하였다. 17세기 후기 숙종 대에는 대왕대비의 적의에 자적색을 사용하였고 18세기 후기 혜경궁 홍씨는 천청색을 사용하기로 하는 등, 신분에 따라 적의의 색상이 더욱 분화되는 특징을 보였다. 황후는 12등, 황태자비는 9등 적의를 사용하였고 총 138쌍의 꿩을 수놓는다. 조선 말 고종이 황제에 오른 후 명성황후가 대례복으로 입었던 적의는 국가민속문화재 54호로 등록되었다.

형태는 신분에 관계없이 동일한데, 앞은 치마 길이와 같고 뒤는 치마 끝보다 한 자(대략 30cm) 더 길었다. 가슴과 등에 흉배를 붙이고 왕비와 왕세자빈은 금수金繡로 된 둥근 용무늬 장식인 원룡보를 달았다. 원룡보에 용의 발톱 수로 신분의 구분을 두었는데 왕비는 다홍색 바탕에 발톱 5개의 오조룡문을, 왕세자빈은 흑색 바탕에 발톱 4개의 사조룡문 흉배를 사용하였다. 흉배와 동일한 원룡보를 좌우 어깨에도 달았다. 조선시대 궁중의례 복식과 기물을 기록한 『상방정례尙方定例』에 대비, 왕비, 왕세자빈 모두 봉황 흉배를 다는 것으로 기록되어 있는 걸 보면 왕비의 흉배 문양은 봉황에서 오조룡으로 변화된 것으로 추정된다. 왕세손빈은 왕세손과 같이 금실 자수한 발톱 3개의 삼조방룡보를 달았다.[56]

적의 앞면의 원룡보 아래에는 꿩 문양을 자수한 원형의 수원적繡圓翟을 붙였는데 왼쪽에 7개, 오른쪽에 7개를 적의 끝까지 닿도록 붙였다. 뒷면의 보 아래에도 원적을 붙이는데 왼쪽에 9개, 오른쪽에 9개를 적의 끝까지 오게 하였다. 적의 하단 가운데에도 원적 하나를 붙여 서로 이어지도록 하였다. 좌우 소매의 너비는 적의의 앞 길이와 같게 하고 수구소매의 손이 나오게 뚫린 부분 바깥에 원적을 각각 9개씩 붙였다. 원적은 모두 51개를 사용하였다.

적의를 착용할 때는 우선 속옷 위에 삼작저고리와 청색과 홍색의 스란 또는 대란치마를 착용한 후, 치마 위에 세 가닥 치마인 전행웃치마를 덧입는다. 그다음 중단中單, 예복 속에 입는 소매가 넓은 흰색 두루마기을 착용하고 적의를 덧입는다. 그 위에 후수後綬, 예복의 뒤에 늘이는 띠 달린 대대를 허리에 두른다. 대대 위에 다시 옥대를 두른 후, 옥대 좌우에 패옥佩玉, 예복 위에 좌우로 늘여 차던 옥을 착용하고 하피霞帔, 어깨에 걸어 늘이는 장식물를 어깨에 두른다. 마지막으로 대수大首, 위보다 아래가 넓은 삼각형 형태의 대례에서 왕비가 갖추는 가체를 머리에 쓰고 손에 옥규玉圭, 상서로운 옥구슬를 든다. 대수 위에 면사面紗, 여자용 쓰개를 덮는다. 적의 제도에 명시된 복식류의 어려운 용어 설명이다.

이같이 적의를 착용할 때는 옷을 포함하여 머리에 쓰는 관冠에서 가슴에 두르는 대帶, 의례용 신발과 다양한 부속품까지 일습을 갖추었다.

적의에는 커다란 사각형의 홑 면사를 머리에 덮어쓴다. 대비와 왕비, 왕세자빈 모두 자적색 라羅로 만든 것을 사용하였는데 금가루로 장식을 하였다. 1837년 덕온공주의 가례 때 사용한 것으로 추정되는 정사각형의 면사는 둥근 봉황 무늬 원봉문圓鳳紋을 비롯하여 수

1

2

1 영친왕비 도류불수문단 부금 당의 2 영친왕비 삼회장저고리

1

2

4

3

1 영친왕비 운봉문직금단 홍원삼　2 영친왕비 별금숙고사 부금 자적대란치마
3 영친왕비 족두리　4 영친왕비 길상문직금단 전행웃치마

자문壽字紋이 전면에 규칙적으로 배열되어 있다.

조선시대 적의 제도는 신분에 따라 흉배 문양이나 속대의 재료, 치마의 스란 문양, 말(버선)과 석(신발)의 색상 등의 차이가 있고 그중 가장 중요한 차이는 적의의 색상이다. 조선 초에 비해 후기로 갈수록 신분에 따른 적의 색상은 더욱더 세분화되었다.

노의

노의露衣는 왕비가 평상시 입는 예복이다. 둥근 원형으로 금실 자수한 금원문金圓紋 장식이 가슴과 허리에 흉배로 달려있고 노의대라는 허리띠가 있다.[57] 세부적인 구조는 명확하지 않으나 곧은 깃에 소매가 넓은 원삼과 비슷한 형태로 추정되고 있다. 적의와는 판이한 구조를 가지고 있다.

고려시대에 일반 서민들의 노의 착용을 금한다는 기록이 있는 것으로 보아 당시부터 이미 널리 입었음을 알 수 있다. 태종 12년1412년 4품 이상의 정부인까지만 예복으로 노의를 착용토록 하자는 기록을 보아 조선 초기에도 착용했음을 알 수 있다. 실제로 조선 중기까지는 노의를 착용하기도 했으나 원삼, 당의가 생기면서 사라져갔다. 19세기 후반부터는 노의, 장삼長衫 등의 여자 예복이 원삼으로 일원화되는 양상이 보인다.[58]

노의는 왕비의 일상복이자 4품 이상의 정실부인이 입는 예복인데 계급에 따라 색을 다르게 착용하였다. 왕비는 대홍색 원단에 원형의 금으로 수놓은 흉배를 달아 입었다. 그리고 자색 나羅로 노의대를 둘렀다. 4품 이상 정실부인 예복은 왕비와는 색을 달리한 녹색 계통이었을 것으로 추측되고 있다.

궁중 원삼

원삼이나 활옷은 조선의 궁중 예복인 대삼大衫, 적의, 원삼, 노의, 장삼, 국의鞠衣, 당의, 단의團衣 가운데 하나이다. 이러한 궁중 예복들은 보통 무릎 길이에 소매가 넓고 길며 깃과 가선에 특정한 문양을 금박하거나 수를 놓고, 직사각형의 기다란 띠帶를 둘러 여밈을 한다. 요즈음 결혼 폐백 때 신부가 입는 원삼이나 활옷과 유사하고 그 디테일에서 조금 차이가 있다.

조선 초기 궁중에서 왕의 혼례 시 단삼, 원삼 또는 노의, 장삼을 예복으로 사용했다. 영조 28년 그리고 인조 때 세자와 세자빈의 국혼에 원삼을 사용하였다는 기록이[59] 남아있다. 이후 고종 때에 와서 황후는 황원삼, 대비는 홍원삼, 비빈은 자적원삼, 공주와 옹주는 녹원삼을 사용하였다.[60] 운현궁에 소장된 명성황후 표준 어진 황원삼에는 용문양이 화려하게 부금되어 있고 황색길에 넓은 소매 끝에는 다홍과 남색의 색동, 백색 한삼을 달았다. 남대란, 홍대란치마를 겹쳐 입고 그 위에 전행웃치마를 입었다니 당시 황후가 입은 하의는 속바지 5겹, 무지기, 대슘, 남대란, 홍대란, 전행웃치마 등 무려 10단계에 이른다.

궁중 원삼에서 왕비의 홍원삼은 미색으로 안감을 넣고 남색 단을 두른다. 소매는 황색과 남색의 끝동과 흰색의 한삼을 달고 발톱

이 4개인 사조룡보를 단다.[61] 공주의 녹원삼은 다홍색으로 안감을 넣고 남색 단을 두르고 소매에는 홍색과 황색의 끝동, 흰색 한삼을 달아주는 게 다르다. 또한 원삼 속에는 치마와 저고리를 입는데 황원삼에는 삼회장저고리, 용문양의 대란치마를 입는다. 홍원삼에는 봉황문양의 대란치마를, 녹원삼에는 화문의 대란치마를 입는다.

궁중 여인이 원삼을 입을 때에는 머리 중앙에 어염족두리를 올리고, 그 위에 어여머리를 돌려 큰머리를 한다. 적의나 원삼 등 대례복을 입을 때에 갖추어 입은 왕실 예복용 치마로는 반가 부녀자들의 예복용 하의인 스란이나 대란치마와 그 위에 입는 전행웃치마가 있다.

왕실 적통 여인의 대례복인 적의 외에도 왕실 여인이 원삼을 대례복으로 입는 경우에 전행웃치마를 입었다. 전행웃치마는 남색 원단에 전면 3폭은 짧게 이어 붙이고 뒷면 4폭은 길게 하여 각각 두 폭씩 서로 덮이도록 이어서 꿰매는데 앞뒤에 주름이 있고 그 가운데와 아래는 금실로 직금한 스란을 벌려 붙인다.[62] 왕비용 전행웃치마에는 용문양, 세자빈과 세손빈의 것에는 봉황문양을 금사로 짜서 넣었다.

착용할 때는 전행웃치마 아래에 받쳐 입은 대란치마의 스란단 위에 앞자락이 놓이도록 자락을 접어서 입는다. 폭이 넓은 대란치마로 인해 전행웃치마의 뒷자락은 치마허리 아래 좌우로 길게 퍼지게 된다.

스란단을 가로로 한 단 댄 스란치마는 사대부 가문의 높은 신분

1. 허리띠 속속곳 버선 기본차림 2. 속바지를 입는다. 3. 속저고리와 단속곳을 입는다. 4. 너른바지를 입는다. 5. 무지기치마를 입는다.

6. 대슘치마를 입는다. 7. 남색대란치마를 입는다. 8. 삼회장저고리를 입는다.

9. 자적색대란치마를 입는다. 10. 전행웃치마를 입는다. 11. 당의를 입는다. 12. 원삼을 입고 봉대를 두른다.

원삼 착용 순서 | 국립고궁박물관

의 여성들만 입을 수 있었고 스란단을 가로로 두 단 댄 대란치마는 왕비에게만 허용되었다. 또 스란단 문양으로 지위의 차이를 나타냈는데 왕비는 용문양, 세자빈은 봉황문양, 공주·옹주는 꽃과 글자 문양을 썼고 반가에서도 꽃과 글자 문양을 사용했다.

원삼과 활옷

조선 여인의 꿈

신부 | 엘리자베스 키스

활옷 | 김태자 | 국가무형문화재 제80호 자수장 전승교육사

원삼 | 국립민속박물관

결혼은 여자들의 일생에서 가장 큰 로망이다. 이날만큼은 가장 아름다운 웨딩드레스로 한껏 뽐내고 싶은 게 여성들의 꿈이다. 오늘날 예식은 보통 흰색의 서양식 웨딩드레스를 입는 게 상례지만 예식 후 시댁 어른들에게 인사드리는 폐백에서 어김없이 등장하는 예복이 바로 원삼과 활옷이다. 우리가 사극의 혼례식 장면에서 많이 보는 이 원삼과 활옷이 바로 조선 여인들이 지금의 웨딩드레스처럼 가장 많이 입었던 혼례복이었다.

원삼

원삼의 유래는 통일신라의 활수의闊袖衣가 고려, 조선으로 이어져 오면서 장삼을 거쳐 원삼이 되었다는 설이나, 조선의 둥근 깃과 문양에 영향을 받은 단삼團衫의 다른 명칭이라는 설 등 여러 주장들이 있으나 이에 대한 정확한 사료 기록은 찾아보기 힘들다.

조선 영조 대(18세기 중반)에 공주, 옹주의 녹원삼은 혼례복으로 서민 여자들도 입을 수 있도록 허락되어[63] 이 시기부터 일반 서민들도 녹원삼과 족두리를 사용하게 되었다. 이렇듯 원삼은 조선시대 왕실에서 반가에 이르기까지 내외명부가 널리 착용하였던 대표적인 예복이었다. 왕비·세자빈·세손빈은 소례복으로, 대군 부인 이하 상궁과 관직자 부인官職者夫人은 대례복으로 입었다.

원삼이란 앞깃이 둥근 데에서 온 이름으로 무릎을 덮는 긴 길이에 앞길은 짧고 뒷길은 길며 옆이 터져 있는 것이 특징이다. 앞여밈은 섶이 없이 깃이 서로 맞대어진 형태이다.

조선 후기 원삼은 궁중용과 민간용이 그 형태가 다르다. 궁중용은 궁에서 사대부 가문에 하사한 것도 포함된다. 후대로 갈수록 길의 옆선이 곡선에서 직선으로 변화되고 깃과 소매는 크게 다르지 않으나 색동에서 홍색과 황색이 주류를 이룬다. 또 신분에 따라 문양과 구성이 다르다. 특히 궁중 원삼에는 전체적으로 금박이 있어 매우 화려하다.

서민 혼례에서 입는 원삼은 궁중용에 비해 소박하고 머리에는 보통 화려한 꾸밈족두리를 쓰고 큰댕기와 앞댕기를 늘였다. 민간용 초록 원삼은 아주 소박하다. 이는 일반 서민의 혼례복과 무속인의 무복으로 그 형태는 깃이 둥글고 좌우 앞여밈이 마주 보는 대금對衿 양식으로 옆자락이 겨드랑이 바로 아래부터 트임이 있고 앞길이 뒷길보다 짧다. 또 금박이 매우 제한적이고 소매는 두 줄 이상의 층인 색동과 한삼으로 구성되어 궁중 원삼과 차이를 보인다.

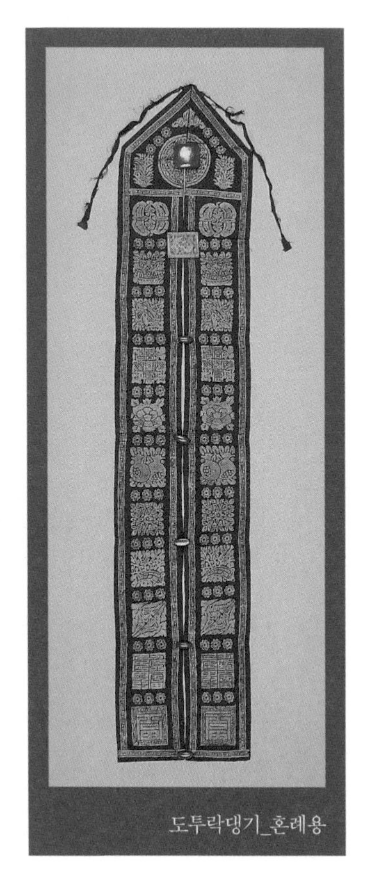
도투락댕기_혼례용

원삼과 족두리 등은 신랑

집에서 보내거나 마을에서 보관하고 있는 것을 빌려 사용하기도 했다. 이를 마련하지 못한 경우에는 혼수로 보낸 청과 홍 치맛감을 양어깨에 두르고 저고릿감으로 허리띠를 해서 입는 지역도 있었다.

활옷

자수 장식이 화려한 전통 여성 혼례복을 활옷이라 한다. 본래 명칭은 '홍장삼'으로 활옷에 대한 기록은 조선 1752년에 편찬된 『상방정례尙方定例』에 소매가 넓은 옷이라는 메활의袂闊衣에서 찾아볼 수 있다.

활옷 자수(부분) | 김태자

활옷은 조선시대 상류계급의 예복이었으나 후대에 일반 서민 혼례복으로 허용되어, 양반과 서민 모두 사용한 옷이다. 앞깃이 둥근 원삼과 달리 깃이 마주 보는 합임合衽이고, 넓고 긴 커다란 소매에 소매 진동의 아랫부분이 트여있는 것이 특징이다.

활옷은 붉은색의 겉길에 청색으로 안을 넣어 만든다. 이는 남녀, 우주의 음양을 상징한다. 겉길에는 연화, 모란, 봉황, 원앙 등을 수놓는다. 연꽃은 건강, 장수, 불사, 행운, 군자를 상징하고 봉황은 서응조瑞應鳥라 하여 행운과 권위를 상징한다. 원앙은 다정한 부부 금실을 의미하고 나비는 소생의 의미를 지닌다. 또 고귀하고 영원한 삶을 기원하는 십장생 문양이나 이성지합二姓之合, 만복지원萬福之源, 수여산壽如山, 부여해富如海 등의 문자를 화려한 색실로 자수하여 행복에 대한 염원을 상징적으로 담았다. 따라서 활옷은 새로운 출발을 하는 신부의 인생이 미래에 평탄하고 행복하라는 소망을 담아 혼례복으로 사용되는 것이다.

활옷을 입을 때는 붉은 치마에 노랑저고리를 입고, 그 위에 활옷을 입고 가슴선 위에 대대大帶를 두른다. 머리는 쪽머리를 하고 용잠을 꽂고 화관을 쓴다. 용잠의 양 끝에는 앞댕기를, 화관 밑의 뒤쪽에는 큰댕기를 드린다.

혼례복과 화장

혼례 때 신부는 원삼이나 활옷 안에 주로 연두저고리에 다홍치마(녹의홍상)를 입고 연두저고리 속에 분홍 속저고리를 입었다. 얼굴에는 연지 곤지를 찍고 화장을 했다.

신부는 대부분 삼작저고리를 입었는데, 삼작저고리란 속적삼·속저고리·저고리 세 벌을 말하며 반가에서는 이를 반드시 갖추어 입었다. 그중 속적삼은 고름을 달지 않고 매듭단추로 여미게 되어있는 홑옷이며, 이는 오늘날 내의와 같다고 보면 된다. 속저고리는 겉저고리와 같되 크기만 약간 작다.

혼례 때 속적삼은 분홍색 모시 적삼으로 만들어 입었는데, 이는 시집가서 속 답답한 일 없이 시원하게 살라는 뜻이 담긴 것으로 한겨울에도 속적삼은 반드시 모시로 만들었다고 한다. 저고리를 만들 때 여름에도 동정 밑으로 깃고대에 솜을 약간 넣었다. 이는 고된 시집살이를 잘 참고 잘살라는 의미와 함께 솜처럼 살림이 잘 부풀어 일어나라는 뜻도 있었다고 한다.[64] 따라서 여름에 결혼을 하더라도 저고리에는 약간의 솜을 두어 입었다. 한편 예복을 갖추지 못했을 때는 저고리 소매에 거들지를 달거나 흰 수건으로 손을 가려 예복을 대신하기도 하였다.[65]

사대부가에서 신부는 혼례 시 금박단이 달린 스란치마를 입었고 보다 격식을 차리는 가문에서는 다홍치마 안에 남색 겉치마를 하나 더 겹쳐 입어 겉의 다홍치마 앞부분이 약간 들려 밑의 남색 치마가 보이게 하였다.[66] 여기서 청과 홍은 음양의 이성지합을 상징한다.

조선 여성들에게는 웨딩드레스뿐 아니라 결혼식 날 신부를 꾸며주는 '수모'도 따로 있어 현재의 헤어디자이너, 메이크업아티스트, 스타일리스트와 같은 역할을 하였다.[67] 수모는 수식모首飾母의 줄임말로 한자를 그대로 해석하면 '머리를 장식하는 어미'로 지금의 헤어디자이너이지만 신부의 화장과 의상까지 담당했다. 신부가 혼례 때 입을 옷과 장신구를 빌려주기도 하고 예식을 원활하게 진행하는 웨딩플래너의 역할도 겸했다.

아기 돌복

색동과 무병장수

사월 초파일 | 엘리자베스 키스

(위)별문숙고사 까치두루마기 | 국립고궁박물관
(아래)색동저고리 | 한국색동박물관

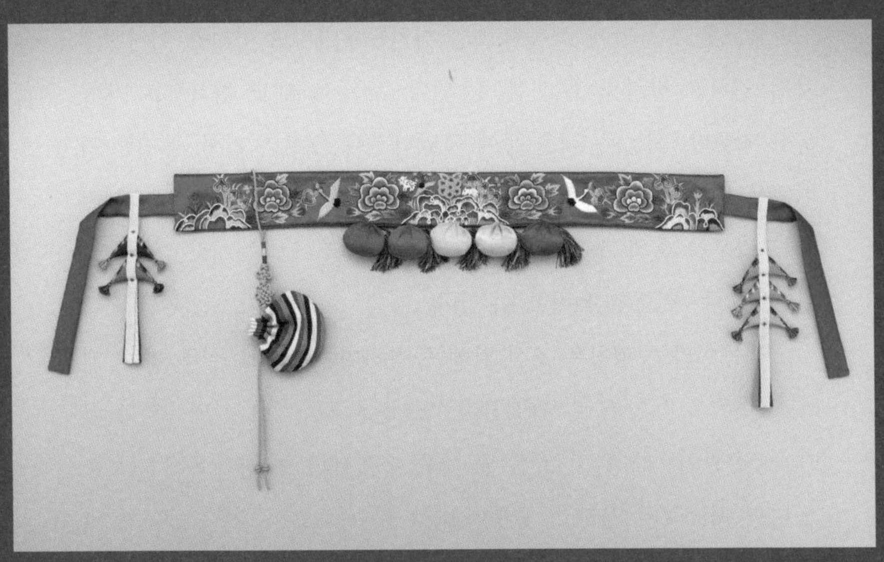

(위)돌띠(43회 대한민국전승공예대전 입선/김현희 작품 참조) | 서인홍
(아래)수돌띠 | 김현희 | 서울특별시무형문화재 제12호 자수장

요즈음도 돌날에 색동저고리, 까치두루마기로 아기를 어여쁘게 차려 입히는 장면을 흔히 볼 수 있다. 조선시대에도 돌복으로 색동옷을 입혔다. '색동'은 '색을 동에 달았다'는 뜻으로 여기서 '동'이란 어깨에서 이어지는 소매의 순우리말이다. 저고리 몸판과 소매의 색이 다른 경우를 흔히 '동달이옷'이라고 한다. 따라서 색동이란 색색으로 된 소매라는 뜻으로 풀이할 수 있다.

'색동'이라는 명칭은 조선 말에 등장하며 『조선왕조실록』에는 '채綵', '채복彩服', '반의斑衣', '래복萊服', '노래의老萊衣' 등으로 기록되어 있다. 「궁중발기宮中撥記」의 조선 말 왕손 유물이나 돌복 기록에 나오는 '동다리 저고리'와 '동다리 두루마기'를 색동옷으로 보거나 1916년 덕혜옹주의 생일 「의복발기」에 나오는 색동관사저고리를 민간에서 입었던 색동옷과 동일한 형태로 추정한다.[68]

색동은 한국 고유의 것이긴 하나 중앙아시아 각 지역의 전통의상에서도 이와 유사한 배색의 색동을 발견할 수 있다. 색동에 관한 몇 가지 속설 중에는 고려시대 승려들이 자신의 자녀를 식별하기 위하여 색동옷을 입혔다는 설도 있다. 그러나 고구려 인물 벽화에 이미 색동치마가 보이고, 고구려 혹은 백

고송총 벽화(7C)_색동치마

제인이 그린 것으로 알려진 일본의 고송총 벽화에도 색동치마가 있음을 볼 때 고대부터 사용되었음을 알 수 있다. 이 밖에 음양오행설에 따라 길상의 의미를 담아 오방색을 이어 붙여 사용했다는 설도 있다. 또 옷감이 귀한 시대에 옷을 만들고 남은 자투리 조각을 모아서 색동으로 활용했다고 보기도 한다.[69]

색동은 일반적으로는 오방색인 청, 백, 적, 흑, 황으로 구성되어 있다. 오방색은 동양사상의 기초를 이루는 음양오행에서 비롯한 색상으로 청, 백, 적, 흑, 황을 정색正色으로 지정하였는데 이는 목화토금수의 오행과 동서남북중의 방위를 상징한다. 이 외에 간색間色인 훈색(분홍색)과 녹색 등 한두 가지를 더하기도 한다. 색동의 색상 배열은 정해진 규칙 없이 다양하게 조합하고 각 색의 너비도 3~5cm로 다양하다. 조선 후기 유물에는 오방색 이외의 다양한 색상으로 자유롭게 구성한 것도 많다.

까치저고리와 오방장두루마기

오방색은 아이들 옷에 두루 사용되었는데 색동저고리는 명절에 많이 입는다고 하여 까치저고리라고도 한다. 이때 '까치'는 섣달그믐날인 까치설날에 입는다고 하여 붙인 이름이다. 색동은 오방장두루마기에서 그 예쁨이 잘 나타나는데, 이 역시 까치설날에 입는 어린이 설빔의 하나로 일명 '까치두루마기'라고도 한다. 음양오행의 상생 원리를 적용한 오방색의 사용에는 의복으로 나쁜 기운을 막아 아이의 무병장수를 바라는 마음이 담겨 있다. 오방장두루마기 색상 중 길吉

에 많이 쓰이는 녹색은 음양오행에서 간색으로 분류된다. 녹색은 불교에서 오불五佛의 신색身色중 하나로 흑색을 대신하여 사용하는데, 아이들의 옷에서 어둠과 죽음을 상징하는 흑색이 녹색으로 대체되었다고 보기도 한다.[70] 또 앞자락 중심인 기다란 섶에는 황색을 대고 남자아이는 깃과 고름을 남색으로, 여자아이는 자주나 붉은색을 썼다. 안감은 모두 붉은색을 쓰고 소매는 색동을 달았다.

오방장두루마기는 아기가 태어난 지 만 1년이 되는 생일날 돌복으로 주로 입혔다. 첫돌 의례에 대해 『조선왕조실록』의 태종 12년1412년, 정조 7년1783년, 순조 28년1828년 기사에서 몇몇 왕자의 첫돌 의례에 관한 기록을 찾아볼 수 있다. 왕실 기록만 남아있을 뿐 민간의 첫돌 의례에 대해서는 상세히 알기 어렵다. 다만 『양아록養兒錄』, 『쇄미록瑣尾錄』, 『지봉유설芝峰類說』, 『조선상식문답朝鮮常識問答』과 같은 옛 책자의 '돌잡이' 풍습에 관한 언급으로 보아 민간에서도 첫돌 의례가 있었음을 짐작할 수 있다. 모두 첫돌에는 새 옷을 해 입혔다는 공통점이 있다.

색동과 무병장수

조선시대에는 아이들의 저고리나 두루마기의 소매 섶 부분에 색동 장식이 많다. 당시 반가의 자녀들은 바느질에 품이 많이 드는 색동저고리를 평상복으로 입었다. 색동은 원삼, 활옷 등의 여성 예복을 비롯하여 무당이 굿할 때 입는 무복巫服, 궁중 연회에서 춤추고 노래하는 기녀의 무복舞服 등의 소매에 부분적으로 장식되었고 책집이나 왕의 교명 등에 두루 사용되었다.

아이들에게 음양오행과 관계된 오방색의 색동옷을 입힌 것은 어린 시절 겪게 되는 각종 질병과 액을 피하기 위한 것이다. 이는 음양의 생성과 소멸에 따라 자연현상이 운행하며 인생의 길흉화복이 좌우된다고 믿는 동양사상에서 비롯된 생활풍습이라 할 수 있다.

이렇듯 주술적 의미로 액을 피하고 복을 받고자 하는 소망을 담아 아이에게는 색동옷을, 신부에게는 원삼과 활옷을 입혔음을 알 수 있다. 궁중에서도 왕자 아기에게 사월 초파일 색동옷을 입혀 액땜하고 복을 기원했다. 또 같은 의미로 무복, 원삼, 단청 등에 색동을 사용했다. 특히 결혼한 신부의 요에 색동을 넣어 첫날밤에 깔게 한 것은 음양지합 대사의 무사평안을 기원한 것이라 할 수 있다.

첫돌에 입는 돌옷은 보통 남아는 보라색 또는 회색 풍차바지에 분홍이나 색동저고리, 남색 조끼, 색동마고자에 오방장두루마기와 전

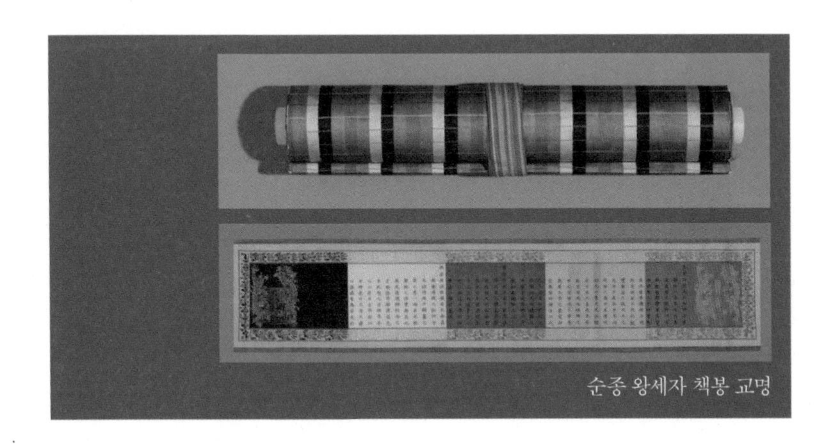
순종 왕세자 책봉 교명

1

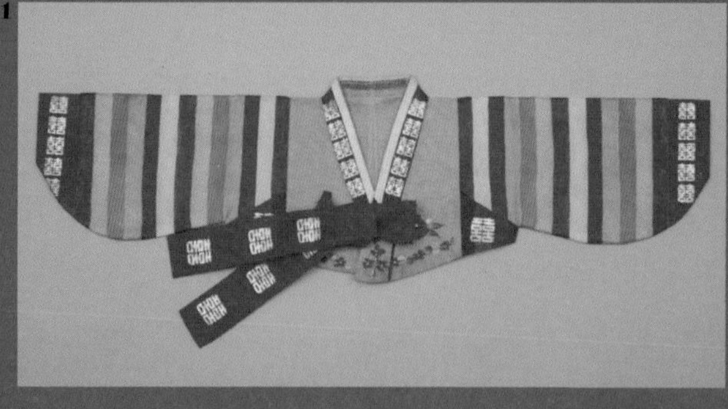

2

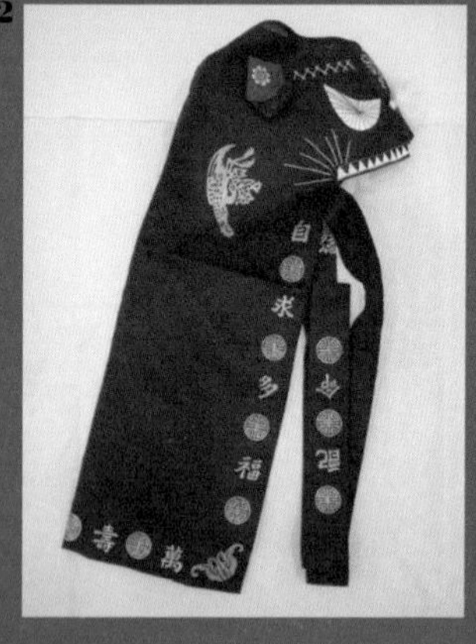

3

4

5

1 여아 색동저고리　2 남아호건　3 여아댕기　4 여아혜 | 황해봉(이하 동일)　5 남아혜

복戰服, 무관들이 입은 소매가 없는 옷 혹은 사규삼四揆衫, 조선시대 남자아이들의 관례복을 입었고 허리에는 돌띠를 둘렀다. 머리에는 복건이나 호랑이 모양의 호건을 쓰고 타래버선과 태사혜太史鞋, 평상복에 신는 굽이 낮은 신를 신는다.

여아는 분홍색 풍차바지를 속바지로 입고 노란색이나 분홍색 속치마를 입은 다음, 그 위에 홍색 치마와 색동저고리를 입었다. 그리고 겉옷으로 당의 또는 색동두루마기를 입는다. 머리에는 금박 다홍댕기를 드리고 굴레나 조바위를 쓰며 타래버선과 다홍색 운혜雲鞋, 신코와 뒤축에 구름문양이 있는 가죽신를 신는다. 길상문양이 들어간 아기 노리개를 달기도 하였다.

돌복 저고리나 두루마기 고름은 한쪽(겉고름)을 길게 만들어 뒤로 한 번 돌려서 묶게 되어있다. 움직임이 많은 아이가 활동할 때 앞자락이 풀어져 벌어지지 않게 하려는 목적이다. 또 긴 고름에는 아이의 수명이 길기를 바라는 만든 이의 소망이 담겨 있기도 하다. 고름 외에 돌띠를 따로 매기도 하는데 남아는 남색, 여아는 일반적으로 홍색을 많이 사용하나 자주색을 쓰기도 한다. 또한 돌띠에 오곡(쌀, 수수, 좁쌀, 콩, 팥)을 넣은 작은 주머니를 여러 개 달아 부귀영화를 염원하기도 하였다. 앞에는 수놓은 주머니를 달아주고 한쪽에는 만수무강, 수복강녕壽福康寧 같은 길상문양을 수놓아 늘여주었다.[71]

색동등거리는 색동 소매가 달린 어린아이의 마고자로, 앞섶에는 단추를 달아 여미고 돌띠를 한 바퀴 돌려 맨다. 돌띠는 홍색으로 넓게 만들어 십장생문양 등을 수놓기도 하고 아랫단 쪽에는 오방색 주머니를 세 개에서 열두 개까지 단다. 주머니 안에는 80세가 넘은 다복한 노인의 머리카락을 넣어 장수를 기원하였다. 또는, 콩, 팥, 쌀, 황두 등의 곡물을 붉은색 종이에 싸서 넣어 자손의 번성과 무병장수의 풍요로운 삶을 기원하였다.

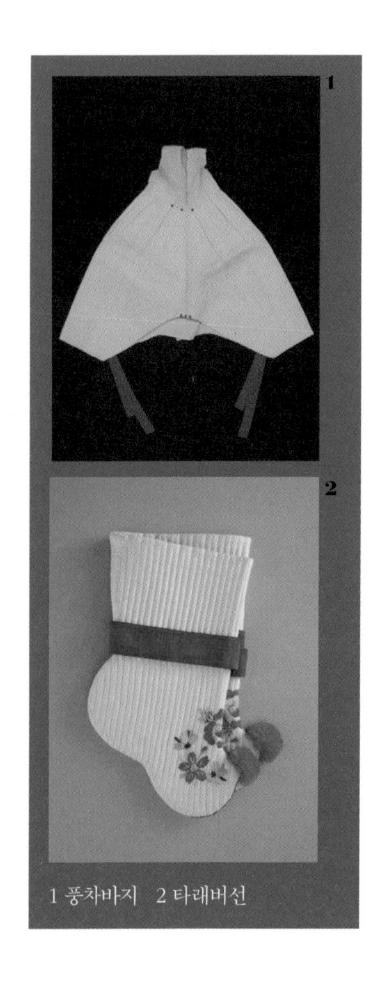

1 풍차바지 2 타래버선

남아, 여아의 돌복 바지는 공통으로 풍차바지를 입는다. 기저귀를 가는 데 편하게 뒤가 열린 바지로, 끈으로 허리를 묶지 않고 조끼허리를 달아서 아이의 어깨에 고정하므로 흘러내리거나 쉽게 벗겨지지 않아 기능적이다.

십장생문양을 수놓은 타래버선의 발뒤축에도 끈을 달아서 발에서 벗겨지거나 아이가 걸을 때 밀려 내려오지 않게 하였다. 남아는 남색, 여아는 홍색의 대님을 달아서 맨다.

노리개와 주머니

조선 꾸미개

대삼작 노리개 착장 | 노미자

모란문 두루주머니 | 국립고궁박물관

귀주머니 | 김혜순 | 국가무형문화재 제22호 매듭장

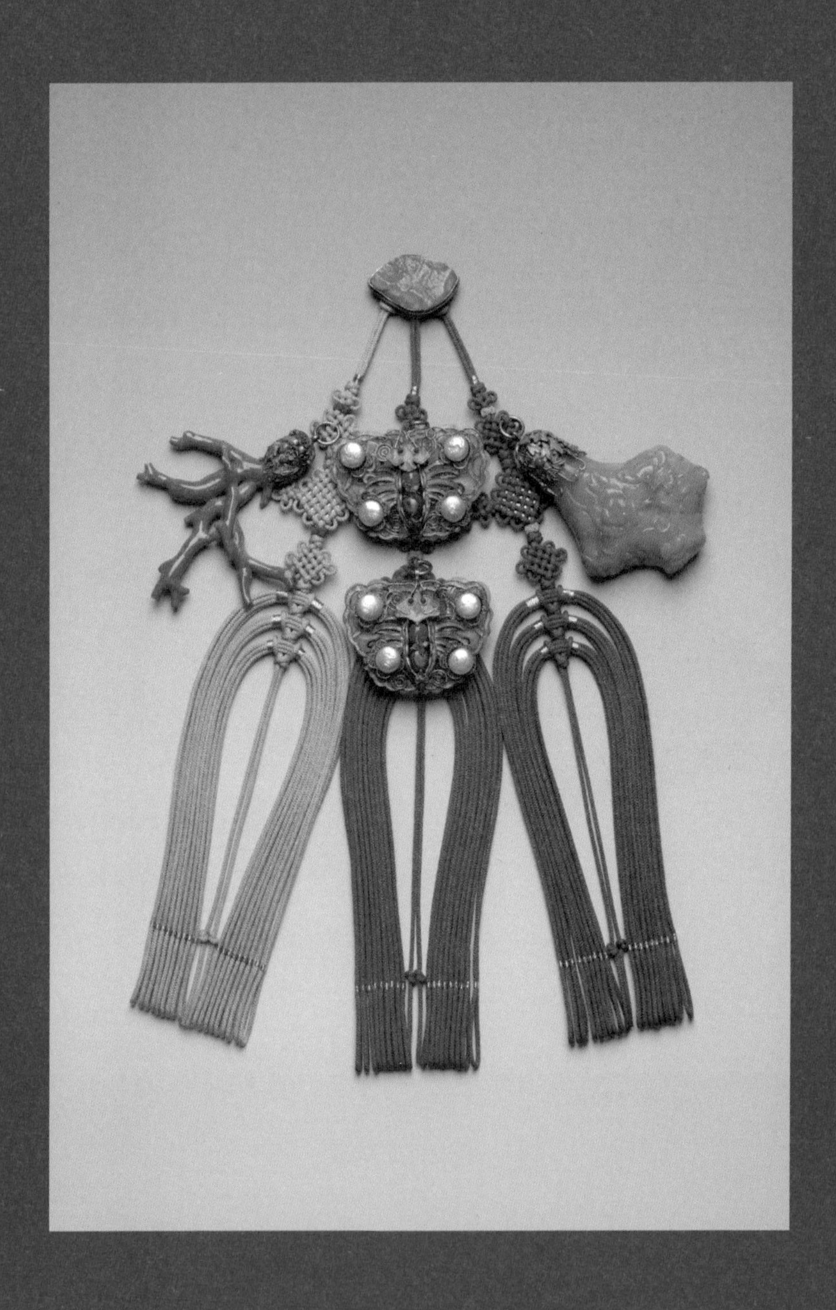

대삼작 노리개 | 김혜순 | 국가무형문화재 제22호 매듭장

대삼작 노리개 | 노미자 | 서울특별시무형문화재 제13호 매듭장

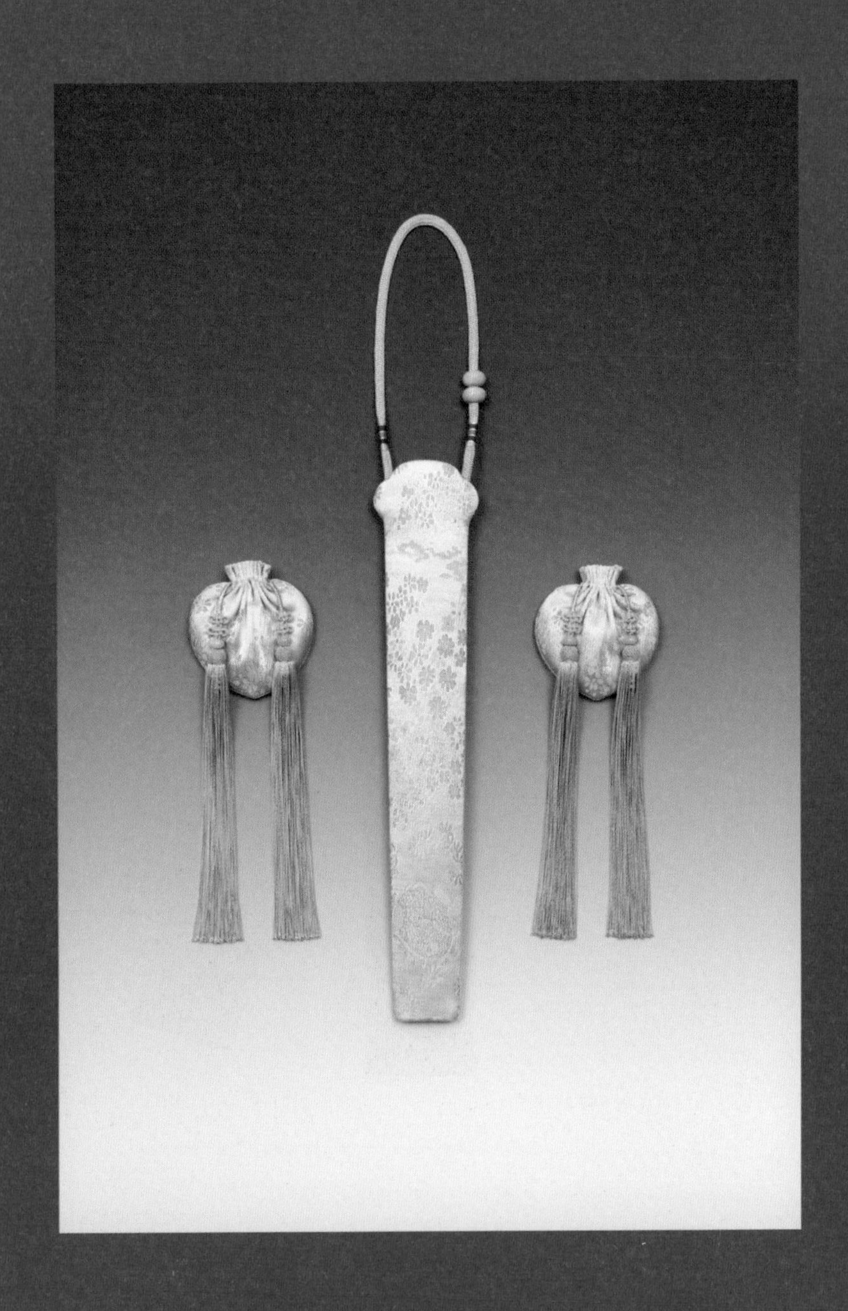

선낭과 향낭 1쌍 | 노미자 | 서울특별시무형문화재 제13호 매듭장

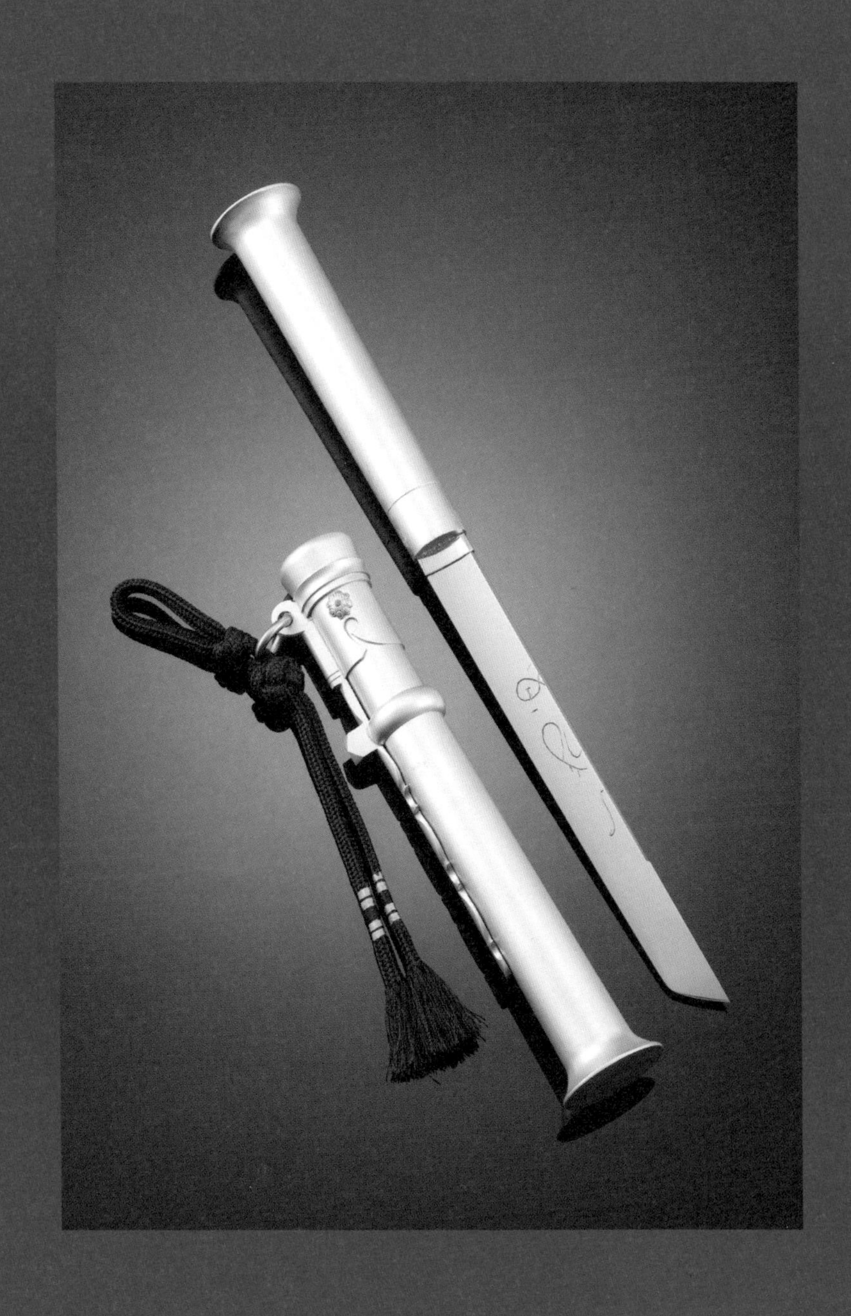

금은장갖은원형도(36회 대한민국전승공예대전 장려상) | 박종군 |
국가무형문화재 제60호 장도장

패션에는 옷 외에도 머리에 쓰는 모자, 장신구, 핸드백, 구두, 화장품 등 모두가 포함된다. 머리에서 발끝까지 모두 패션의 범주인 것이다. 예나 지금이나 옷과 장신구에 대한 여성들의 관심은 변함이 없다. 해외명품 액세서리는 그 어마어마한 가격으로 우리를 놀라게 한다. 어떤 장신구로 치장했는가는 패션의 화룡점정이자 세간의 관심을 끄는 중요한 요소이기도 하다.

조선시대는 사치에 대한 복식금제로 여러 제약을 받아 장신구가 발달하지 못했다고는 하나, 각종 보석으로 이루어진 노리개 재현품이 수천만 원씩 하는 것을 보면 조선시대 역시 그 사치스러움이 만만치 않았다. 상고시대부터 전해 내려오는 목걸이, 귀걸이, 팔찌 등의 화려하고 섬세한 금은세공 기술은 퇴보하였으나 머리 장식이나 노리개 등은 다양한 형태로 발달하여 조선시대 장신구의 특성을 보여준다.

조선시대 여자용 장신구로는 머리를 꾸미는 각종 비녀와 뒤꽂이, 궁중이나 상류층에서 사용하던 첩지와 떨잠, 그리고 머리를 단정하게 장식하기 위한 댕기가 있다. 그 외에 여성들은 향낭, 침낭, 장도 등과 같은 실용성을 겸한 각종 주머니와 노리개 등을 패션 액세서리로 활용해 자신들의 옷차림을 더욱 돋보이게 하였다.

노리개

노리개는 저고리나 당의 고름 위, 혹은 안고름에 매어 달기도 하고 크기가 큰 노리개는 활옷이나 원삼의 띠에 걸어서 차기도 한다.

노리개는 단조로울 수 있는 우리 옷에 품격 있는 아름다움을 더해 주는 패물 장식품이다.

노리개는 띠돈노리개를 고름이나 치마허리에 거는 장식에 꿰어서 찬다. 장신구들은 평소 소원하는 바를 담은 각종 상징성을 띤 장식물이나 길상문양을 새긴 것이 주류를 이룬다. 노리개는 띠돈, 장식물, 끈목, 술로 구성된다. 장식물은 동자·박쥐·거북·붕어 등의 동물 모양과 가지·고추·포도송이·천도·석류 등의 식물 모양, 그리고 호로병·주머니·방아다리·장도·종·표주박·북·장구·안경집·자물쇠·도끼·버선·방울·석등·벼루·각종 문자 등 일상용품 모양을 택하였고,[72] 그 가운데서도 부귀다남富貴多男, 복, 장수를 뜻하는 것을 주로 사용하였다. 아들을 중시하던 조선시대에 아들 낳기를 염원하는 여자는 고두쇠나 도끼를 노리개로 차기도 하고, 아들이 없는 집안에서는 딸에게 남동생을 보라고 노리개를 채워주거나 베개 속에 넣어두기도 하였다.

노리개는 한 집안의 재산 밑천이자 대대손손 물려주는 가보이기도 하였다. 소원을 염원하는 상징적인 장식물 아래로 여러 가닥의 실을 합사하여 만든 끈목으로 다양한 문양을 꿰어 그 밑에 술을 달아 완성한다.

노리개는 세 개의 노리개를 한데 묶어 띠돈에 연결하여 다는 삼작노리개와 하나만 띠돈에 꿰어 착용하는 단작노리개가 있다. 삼작노리개는 크기에 따라 대삼작, 중삼작, 소삼작으로 구별하기도 한다. 대삼작노리개는 예복인 원삼이나 활옷에 달았다.

노리개의 띠돈은 계절에 따라 재료를 달리하였으며 금·은·동·백옥·비취·홍옥·공작석·산호·진주·금패·호박·색사色絲·주단·금은사 등의 고급 재료를 사용했다. 조선 15세기 후반, 귀천을 불문하고 여성들이 두루 선호한 노리개는 노루, 호랑이의 치아나 얼룩무늬 대합조개 등 자연물에 은세공을 곁들인 토산 장신구가 주류를 이루었다.[73] 호랑이의 치아는 발톱과 함께 부적이나 노리개로 쓰였다. 성종 때 명나라에 보낸 노리개 염색물에 명황제가 매우 기뻐했다는 기록을[74] 보면 당시 조선의 염색술은 상당했던 것으로 보인다.

조선 여인들이 사용하던 휴대용 장식물 중에 귀이개, 칼, 집게, 송곳, 족집게 등 5종 도구도 있다. 또 휴대용 반짇고리 형태의 바늘집이 눈길을 끄는데, 사각 사다리꼴의 누비 판에 바늘을 꽂고 덮개로 덮어 휴대할 수 있도록 한 것은 매우 현대적인 기능을 갖춘 실용적인 장신구라 할 수 있다. 이 외에도 바늘집, 붓, 향, 참빗, 나무빗, 단도, 주머니, 조개장식, 수낭 등은 사대부가 여인들은 물론 일반 여성들도 애용하던 실용적인 애장품들이라 할 수 있다.

주머니

한복에는 본래 물건을 넣을 수 있는 주머니가 없어 예부터 따로 주머니를 만들어 실용적인 목적과 함께 장식으로도 사용하였다.

주머니는 돈이나 소지품을 넣기 위해 헝겊에 끈을 꿰어 만든 소품으로 지방에 따라 조마니, 주먼치, 개쫌치, 줌치, 안집, 개와속 등으로 불렸고 한자로는 낭囊이나 협낭狹囊 등으로 표기한다.[75] 수천 년간

1 백옥향갑 외줄노리개 | 김혜순(이하 동일)
2 자라줌치 노리개 3 수향갑 외줄노리개 4 은삼작 노리개

1

2

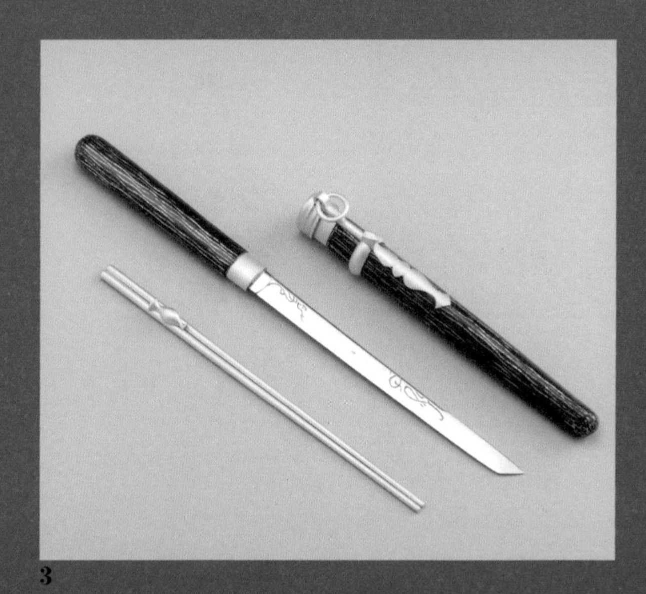

3

1 수안경집 | 김혜순　2 선추 | 김혜순
3 금은장나전끊음질 첨자도(42회 전통공예명품전) | 박종군

우리 옷에는 주머니가 달려 있지 않아 옛 여성들은 소지품을 보자기에 싸서 갖고 다니거나 나들이 갈 때는 꼭 필요한 물건만 별도의 주머니 속에 넣어 속치마 끈에 매달았다. 남자는 허리춤에 주머니를 매달고 큰 물건은 보자기에 싸서 허리에 걸쳤다.[76] 주로 비단이나 무명천에 겉에는 부귀장생을 상징하는 길상문을 장식하였다.

주머니는 조선 후기 유물이 꽤 많이 남아있는데, 일반적인 주머니로 두루주머니와 귀주머니가 있고 일상생활에서 실용적으로 쓰인 수저집, 필낭과 노리개의 형태를 갖춘 장식적인 향낭, 침낭 등이 있다.

주머니는 신분의 높고 낮음, 남녀 성별에 따라 그 모양과 꾸밈새가 달랐다. 예를 들면 주머니의 입이 아홉 번 접힌 것은 궁중용이고 세 번 접힌 것은 일반 서민용이다. 주머니의 형태는 크게 귀주머니(혹은 줌치)와 두루주머니(혹은 염낭) 두 종류로 나뉜다.[77]

귀주머니는 네모지게 꾸며서 입 쪽 위 절반을 두 번 접어 아래 양쪽으로 귀가 나오게 만든 형태이며 두루주머니는 밑이 둥글고 주머니 입에 잔주름을 잡아 양쪽으로 끈을 꿰어 졸라매 그 생김새가 두루게, 즉 둥글게 된 형태이다.[78] 귀주머니는 주로 남자가 사용했고 두루주머니는 여자가 애용했다.

특히 여성들은 수를 놓은 주머니인 수낭아를 주요 장신구로 치마허리에 착용하고 다녔다. 주머니에 놓는 금박이나 자수의 도안은 십장생문양·연잎문양·봉문양·오복꽃광주리문양·당초문양·불로초문양·매화문양·난초문양·박쥐문양·국화문양·배꽃문양·나비문양,

수壽·복福·희囍 등의 글자 문양이 사용되었다. 각종 문양을 수놓아 화려하게 만든 향주머니나 바늘집은 장식의 의미가 있어 노리개로 몸에 착용하기도 하였다.

장도

장도粧刀는 조선시대에 남녀 구분 없이 많이 착용했던 작은 휴대용 칼로 주로 은으로 장도집을 장식했다. 조선시대 부녀자들은 장식용뿐 아니라 여성 정절의 상징인 호신용으로 중히 여겼다. 특히 영남 지역에서는 반가의 아녀자는 물론 천민 여자들까지도 자결을 위한 패도를 항상 지니고 다녔다고 한다. 70세까지 수절한 '자말'이란 여인이 간 패도는 '자말 패도'로 고유명사화되어 이를 지닌 것만으로도 열녀임을 인정받을 정도였다. 이렇게 장도는 조선 여인들에게 필수품이었다.[79]

장도는 여자의 경우 치마 속 허리띠에 차거나 노리개로 차기도 했는데 장도를 노리개로 차는 것은 패도佩刀라 하고 주머니에 넣고 다니는 것은 낭도囊刀라 하였다. 장도에는 젓가락이 함께 달린 것이 많은데, 휴대하면서 젓가락으로 사용하기도 했고 음식의 독을 감별하기도 했다.[80] 주로 백옥·금·은으로 만들었고 형태는 원통형·을乙자형·네모형·팔각형 등이 있다.

이 외에 조선 여성들은 계절에 따라 가느다란 대나무로 만든 세죽선細竹扇 등의 부채를 사용하였다. 이와 같은 조선시대 여성 장신구들은 오늘날 현대 여성들의 핸드백, 가방, 지갑, 브로치, 펜던트 등으로 변형되어 사용되고 있으나 디자인에 전통의 아름다움을 되살려 적용하려는 노력이 아쉽기도 하다.

버선

태극의 곡선미

쌍검대무(부분) | 신윤복

버선은 조선 여성들을 정조 관념으로 억압하는 또 다른 구속적 패션이었다. 조선은 가부장제 구현을 위해 개국 초기부터 여성의 사회활동을 제한하였다. 이에 여성의 발을 전족처럼 묶어 밖에 나다닐 수 없게 만들어야 했다. 이는 후대에 와서 오이씨 같은 맵시로 미화되었다.[81]

버선은 한복을 입을 때 발에 꿰어 신는 한국의 전통 양말로 '족의足衣'라고도 하며, 한자로는 '말襪'이라고 한다.[82] 버선은 발을 따뜻하게 하고 발의 모양을 맵시 있게 해준다. 한복의 치마가 인체를 감싸는 보자기 같다면, 버선 역시 발을 감싸는 사각의 천인 보자기에서 출발했다고 할 수 있다. 발을 보호하기 위해 보자기 같은 천으로 발을 감싸던 것이 점차 발전하여 버선에 이른 것이다.

버선이 언제부터 있었는지는 확실하지 않지만 고대부터 착용했던 것으로 추측된다.[83] 삼국시대에는 능綾, 라羅, 주紬 등 고급 직물로 버선을 만들기도 하였는데 신분에 따른 제한이 있었다.[84] 버선이라는 명칭은 중종 22년1527 최세진이 쓴 『훈몽자회訓蒙字會』에 '보션말'이라고 쓰여 있는 것으로 보아 그 이전부터 '보션'이라 불리었음을 짐작할 수 있다.[85]

태극의 곡선을 닮은 버선의 모양은 그 끝(버선코)이 뾰족하여 하늘을 향해 위로 치켜 올라가 있는데, 이러한 모양은 고대 기마문화와 연관이 있을 것으로 추측된다. 고대부터 말을 타던 우리 민족은 삼국시대에 이미 마구馬具의 일종인 발걸이를 사용했다. 신라시대 기마인물형 토기를 보면 말 위 안장에 앉아 발걸이에 발을 걸고 있는데

1 기마인물형 토기
2 기마인물형 토기 신발코

발이 쉽게 빠지지 않게 앞코가 들려 있다. 앞코가 둥근 형태라면 발걸이에서 발이 쉽게 빠져 말을 타기가 쉽지 않았을 것이다. 그래서 말을 탈 때 발걸이에 발을 좀 더 안정감 있게 고정하기 위해 앞코가 뾰족한 형태의 신발을 착용했을 것이며[86] 앞코가 들린 버선의 모양도 이와 연관이 있을 것으로 추측된다. 또 앞코가 들린 버선은 고대부터 하늘을 숭앙하고 하늘에 닿고자 염원했던 우리 민족의 경천사상과도 연관이 있을 것이다.

버선은 발을 감싸면서도 발의 생김새를 따르지 않고 철저하게 독자적인 형태와 선을 만들어낸다.[87] 발목과 앞부리의 완만한 두 곡선이 서로 마주쳐 살짝 위로 솟아오른 섬세한 형태의 버선에서 태극의 순환 곡선을 찾아볼 수 있다.[88] 앞코가 들린 버선의 이 같은 모양은 한복이 지닌 유연한 곡선미와 조화를 이루어 여성의 자태를 한층 돋보이게 하는 효과도 있다.

버선의 형태를 보면 조선 중기 이전 유물에서는 발 모양 그대로 편하게 신던 것이 곡선미를 살려 맵시 있게 변화된 것을 볼 수 있다. 버선을 실제 발 크기보다 더 작게 만들고 솜을 통통하게 넣어 오이씨 같은 맵시를 내게 된 것이다. 신윤복의 풍속화 〈쌍검대무〉의 기생이나 〈미인도〉의 여성은 앞코가 날렵하게 들린 작은 버선을 신고 있다. 이처럼 버선을 여성들의 실제 발 크기보다 작게 만드는 변화는 조선 특유의 유교적 관념과도 유관하다. 가슴을 짓누르듯 동여매는 치맛말기처럼 작은 버선 역시 여성들에게 신체적 고통을 주고 행동에 제약을 가하는 구속의 상징이기도 했다. 버선을 벗었을 때 드러나는 발 모양새의 연약함은 남성들에게 지배자로서의 만족감을 주었다. 한쪽의 억압과 고통은 또 다른 한쪽의 쾌감이기도 했다. 버선도 코르셋 패션같이 페티시즘의 또 다른 형태였다.

페티시즘fetishism은 '물신숭배物神崇拜'를 의미하며 원래 원시 종교에서 사물에 초자연적인 힘이 있다고 믿고 이를 숭배하는 것에서 나왔다.[89] 정신분석학에서 말하는 페티시즘은 성적인 대상을 물건으로 대체하는 것으로 일종의 도착증으로 보고 있다. 물신주의자는 자신의 물신적 대상을 보거나 만지면서 성적인 흥분과 환상에 빠지는데[90] 긴 머리카락이나 발은 우선적인 대상이고 의류 중에서는 여성들의 신발과 속옷이 가장 흔한 페티시즘의 대상이다.[91] 고대의 말타기를 위한 진취적인 디자인의 버선이 조선 중·후기에 와서 남성들의 패티시즘적 상징으로 변화된 것도 아이러니한 일이다.

또 조선시대 여자들은 치마 밑에 말군襪裙이라는 것을 입기도 했는데 그 시원은 분명하지 않으나 김춘추의 「축구고사蹴球故事」에 군뉴裙紐, 바지 끈가 끊어졌다는 기록이 있어 고대부터 이어온 것임을 알 수 있다.[92] 말군은 통이 넓은 두 가랑이의 부리가 오므라져 있다. 허리끈이나 어깨끈이 달리고 뒤가 열려 있는데 '말襪', 곧 버선이 달려 '말군'이 된 게 아닌가 여겨진다.

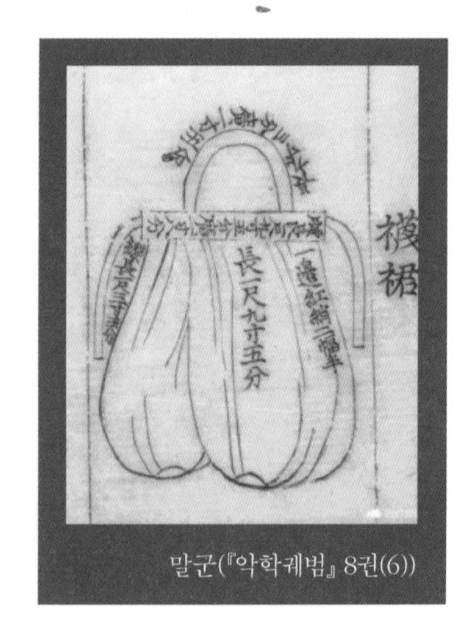

말군(『악학궤범』 8권(6))

버선 각 부분의 세부 명칭은 다음과 같다.

① **수눅** 발등에 오는 부분

② **버선코** 맨 앞의 튀어나온 부분

③ **회목** 뒤꿈치의 들어간 곳에서부터 수평으로 앞 목에 이르는 부분. 발이 들어가는 버선부리 폭에 비해 발목 부분에 해당하는 회목의 폭이 좁아 착용했을 때 종아리에서 발목으로 좁아져 맵시 있는 연출이 가능하다.

④ **부리** 발이 들어가도록 트인 부분

⑤ **목** 회목에서 부리까지의 부분으로 버선목의 바느질 눈

이 오른쪽으로 된 것은 오른발, 왼쪽으로 된 것은 왼발에 신어 좌우를 구별한다.[93]

⑥ **볼** 발의 앞너비

버선의 종류는 용도에 따라 예복용과 일반용, 형태에 따라 곧은버선(고들목버선)과 누인버선, 만드는 방법에 따라 홑버선, 겹버선, 솜버선, 누비버선 등으로 나뉜다.[94] 그 밖에 어린이들이 신는 타래버선, 꽃버선 등이 있다.

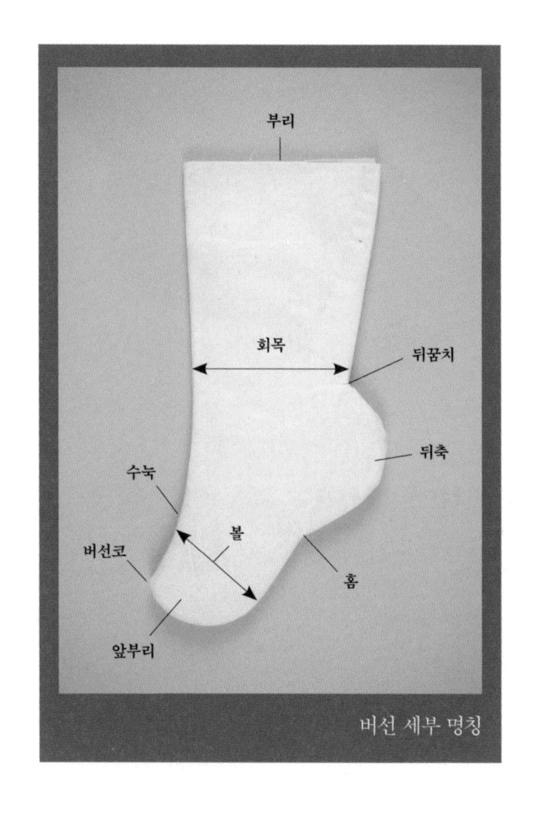

버선 세부 명칭

예복용 버선으로 왕이 종묘와 사직에서 제사 지낼 때 입는 면복冕服에는 적말赤襪을, 조복朝服에는 백말을, 왕비가 혼례 때 입는 적의에는 청말을 신는다고 되어있어 의례시 목적에 따라 다르게 착용했음을 알 수 있다. 영친왕비의 적의용

영친왕비 청말 | 국립고궁박물관

청말은 보통 버선보다 크고 끈이 버선목 끝에 겹으로 달렸으며 안팎이 적의의 옷감과 같은 색인 청색 비단으로 되어있다.

평상시 착용하는 곧은버선은 수눅선이 곧게 내려오다가 버선코만 살짝 올라가고 회목에 여유가 있는 것으로 서울을 중심으로 한 중부 지방에서 주로 신었다. 누인버선은 수눅이 누인 것 같은 곡선을 이루며 회목이 꼭 맞는 것으로 주로 남쪽과 북쪽 지방에서 신었다. 누인버선은 수눅의 선이 사선이라 회목이 끼게 되어있다.

재봉법에 따른 버선의 종류는 다양하다. 홑버선은 홑으로 만든 버선으로, 속에 신은 버선이 더러워지지 않게 덧신는 버선이다. 겹버선은 솜을 두지 않고 겹으로 만든 버선이다. 솜버선은 겹으로 만든 버선의 수눅 양쪽에 솜을 고루 두어서 만드는데, 방한과 맵시가 나도록 하는 데 그 목적이 있다.[95] 누비버선은 솜을 두고 누벼서 만든 것으로 주로 겨울에 방한용으로 신는다.

대표적인 어린이용 버선으로 타래버선이 있다. 솜을 두어 누빈 뒤 색실로 예쁘게 수를 놓고 발목 뒤에 끈을 달아 앞으로 매었다.

신발

맵시의 완성

성하직구 | 김득신

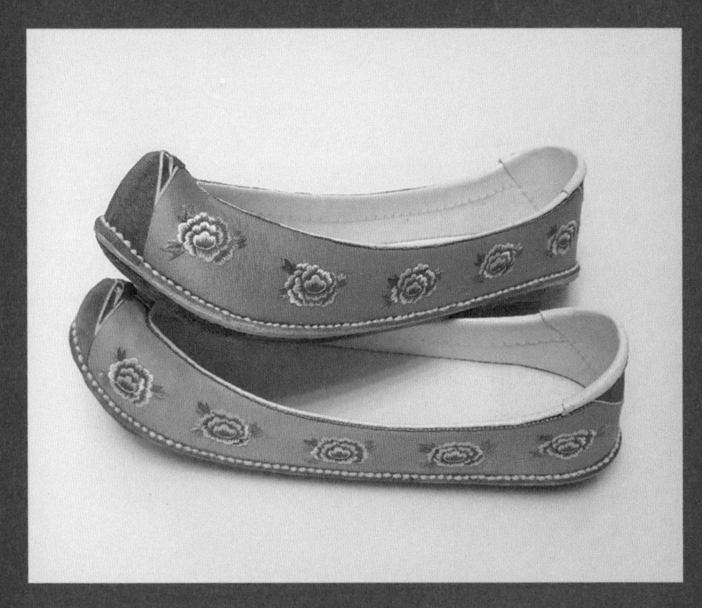

(위)목단수혜 (아래)십장생수혜 | 황해봉 | 국가무형문화재 제116호 화혜장

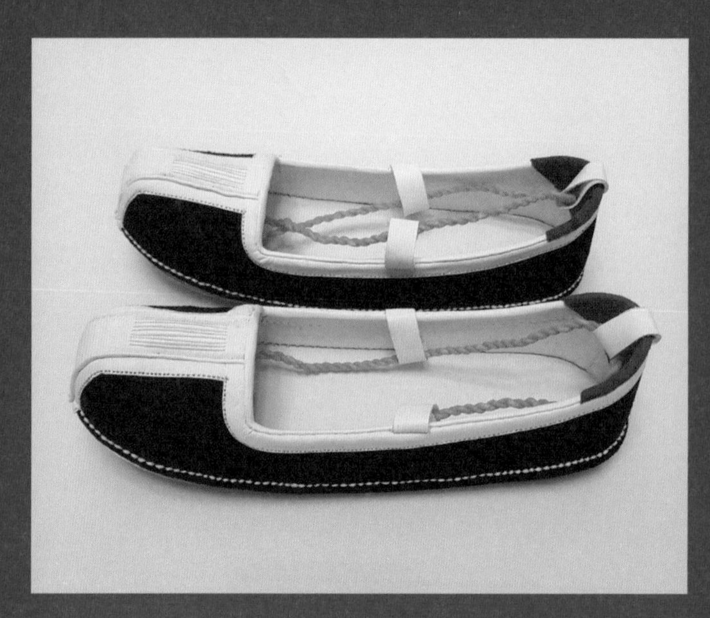

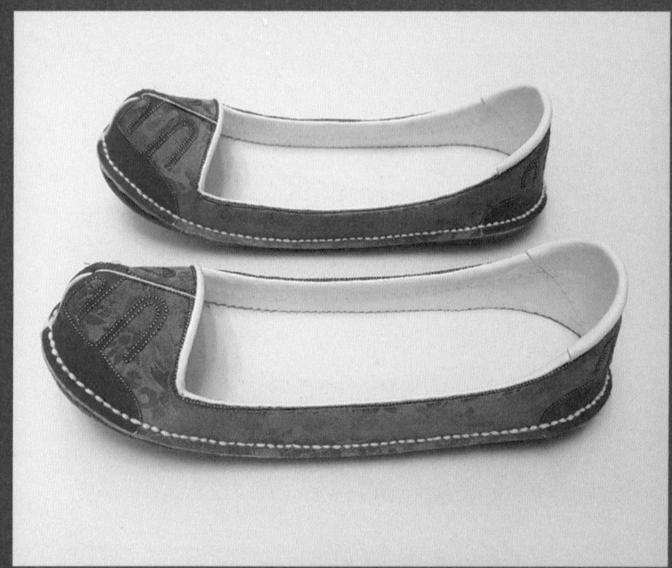

(위)제혜 (아래) 태사혜 | 황해봉 | 국가무형문화재 제116호 화혜장

『성종실록』에 "사대부 여인들은 초구貂裘, 담비가죽으로 만든 옷가 없으면 연회에 참석도 못한다."며 당시 사회 문제로 상소를 올렸다는 기록이 있다.[96] 이를 보면 머리에서 발끝까지 인체를 꾸미는 복식, 이른바 패션에 대한 사람들의 뜨거운 관심은 예나 지금이나 크게 다르지 않았다.

오늘날 패션 산업에서 신발은 매우 '핫'한 아이템 중 하나이다. 유행에 따라 디자인도 아주 다양하고 남녀 모두 관심이 아주 높아 값비싼 명품에도 소비를 아끼지 않는다.

신은 단지 발을 보호하기 위한 실용적 목적에서 사회, 문화의 발달과 함께 장식적 의미와 상징성이 부여되고 의례적인 기능을 갖추게 되었다. 고구려 고분벽화나 삼국시대 출토 유물에서 볼 수 있는 고대 신발의 형태는 조선까지 거의 변화 없이 이어진다.

우리나라의 신발은 고대부터 형태상 크게 '화靴'와 '리履'로 나뉜다.[97] '화'는 부츠처럼 신목이 높고 긴 신으로 추운 날씨에 적당하여 북방 유목민족 계통에서 발달하였다. '리'는 신목이 낮은 신으로 혜鞋, 비扉, 석舃 등을 포괄하는 남방 계통의 신이다. 우리나라는 지리 및 기후에 따라 이질적인 형태의 두 종류의 신을 신었다. 신목이 긴 동양의 '화'는 A. D. 5세기경 실크로드를 거쳐 바지, 색동, 카프탄 저고리와 함께 비잔틴 문화에 전해져 서양에서 대유행되었고 이는 오늘날 부츠라는 이름으로 전 세계로 퍼졌다.[98] 많은 사람들이 현대 패션의 진원지를 서양으로 알고 있지만 실제로 그렇지 않은 것이 많다. 그러니까 부츠는 동양에서 비롯해 서양에서 세계화되어 다시 동양으

1

2

3

1 온혜 | 황해봉 2 당혜 | 황해봉 3 수혜(40회 전통공예명품전) | 이명애

로 유입된 리오리엔팅re-orienting 패션인 것이다.

조선시대에 와서는 신발의 종류와 명칭이 더욱 다양해진다. 형태별로 크게 나누면 역시 신목이 긴 화와 신목이 낮은 혜(리)로 구분할 수 있다. 이 중 조선 여자들이 신던 신발은 당혜, 운혜, 궁혜 등의 혜, 징신, 미투리, 짚신, 나막신 등이 있었다. 신발의 재료로는 비단이나 마, 짚, 나무 등을 사용하였다.

혜와 짚신 등은 개화기까지 사용되었으나 갑오개혁 이후에는 근대화의 흐름을 따라 서양 신발인 구두가 등장하였다. 1920년대부터는 당혜, 운혜, 짚신, 미투리, 나막신 등이 모두 고무신으로 대체되면서 전통 신발은 점차 사라져갔다.

혜

혜鞋는 조선시대에 가장 많이 신던 운두가 낮은 모든 신발을 말한다. 남녀 모두 신었고 여성들이 신던 혜의 종류로는 당혜唐鞋, 궁혜宮鞋, 운혜雲鞋 등이 있다. 혜는 신발코가 살짝 들려 있어 지금의 고무신과 유사하며 당혜나 궁혜, 운혜는 그 형태가 비슷하다. 예부터 꽉 조이는 아름다운 버선발을 초승달에 비유했는데 조선 여자들이 신던 신발 역시 가냘프고 부드러운 곡선미를 갖고 있다.

당혜는 양갓집 부녀자들의 신으로 코와 뒤꿈치에 당초문을 장식하였다. 궁중에서 신는 부녀자의 신발은 궁혜라 하였다. 안쪽은 융과 같은 폭신한 옷감으로 만들고 겉은 여러 가지 색을 이용해 화려하게 꾸미고 바닥은 가죽을 사용하였다. 운혜는 조선시대 사대부가 부인들이 신던 가죽신으로 온혜라고도 하며, 신코와 뒤축에 구름문양이 있어서 운혜라 불리었다.

징신

징신油鞋은 상류층 부녀자들이 신었고 형태는 혜와 유사하며 '진신'이라고도 한다. "생가죽을 기름에 절여서 만든 신"으로[99] 유혜油鞋, 이혜泥鞋라고도 했으며 비 오는 날 신었다. 바닥에 징을 쭉 둘러 박았기 때문에 징신이라고 했다.

미투리와 짚신

미투리는 삼麻으로 만든 고운 신이고 이와 비슷한 짚신은 짚으로 만든 거친 신이다. 미투리는 삼으로 만들었다 하여 '삼신'이라고도 하는데, 신코가 길고 형태가 날렵하다.[100] 지방에서는 반가 부녀자들도 신었으나 보통은 서민 이하의 부녀자들이 신었다. 짚신은 짚을 꼬아 만든 신으로 초혜草鞋라고도 하는

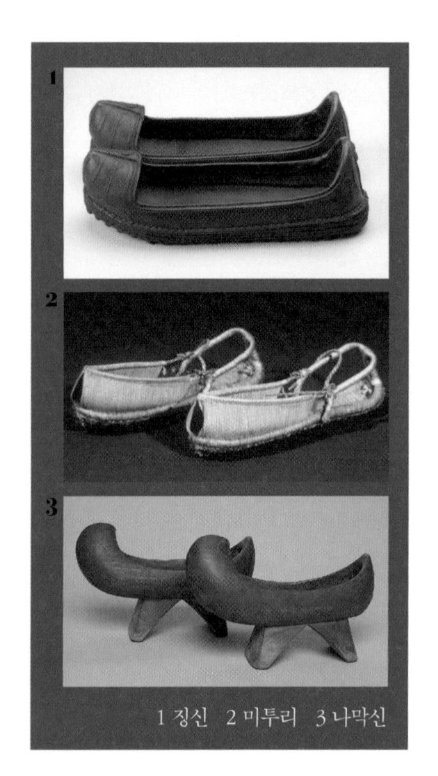

1 징신 2 미투리 3 나막신

데 신코가 짧고 엉성하다. 짚신은 전통 사회에서 가장 흔히 신던 신으로, 가죽신을 신을 수 없던 서민과 천민은 물론 가난한 선비들이 손수 만들어 신었다.[101] 조선 말에는 삼이나 짚을 이용하여 곱게 짜서 모두 미투리라 하였다.

나막신

나막신木鞋은 나무로 만든 고급 신으로 주로 비 오는 날 진 땅에서 신었다. 나무를 파서 깎아 형태를 만든 후 굽을 댄 것으로 굽이 높다. 나무의 특성상 두껍고 투박하며 걸을 때 딱딱하고 불편하게 느껴지지만, 실제 두꺼운 버선을 신고 조심해서 걸으면 어렵지 않게 사용할 수 있다.[102]

화장

단아한 자연미

운낭자 초상 | 채용신

영친왕비 주칠3단경대 | 국립고궁박물관

(위)글자 용무늬 화장품 그릇 | 국립중앙박물관
(아래)은제 과일무늬 화장품 그릇 | 국립중앙박물관

조선 초기 지배층은 사치와 퇴폐를 죄악시하며 근검과 절약을 강조하는 유교 윤리를 생활의 기본으로 삼았다. 내외법이 강화되고 자유연애와 외출이 금지되었다. 여성의 외면적 아름다움보다 내면의 아름다움을 강조하며 사치스러운 옷차림과 장신구, 화장에 대해서는 여러 차례 금지령이 내려졌다. 여성의 용모는 깨끗하고 부드러운 마음가짐의 표현이라고 하여 화장은 여성의 부덕한 행위로 간주되기도 하였다.[103]

그러나 조선시대에 화장은 오히려 세분화되었다. 일반인의 평상시 화장은 고려에 비해 더 자연스럽고 담백해졌다. 이러한 현상은 기생과 궁녀 등 직업여성들의 분대화장粉黛化粧에 대한 기피로 더욱 촉진되었다. 분대란 백분으로 얼굴을 하얗게 하고 먹으로 눈썹을 까맣게 하는 것을 말하는데 옛날 우리나라 사람들은 화장할 때 백분과 눈썹 먹을 가장 많이 사용하였다. 이에 화장품이나 화장을 가리키는 의미로 분대라는 용어가 사용되었다. 또 고려 때 기생들의 분대화장은 기생의 상징이 되어 기생의 별칭으로도 사용되었고, 궁녀와 창녀들도 분대화장을 한 탓에 이들 역시 분대라고 불리기도 하였다.[104]

조선시대 유교적 관념은 여성 복식에서 단정함을 우선시했고 따라서 사대부가 여인들에게 진한 화장은 금기시되었다. 지덕체의 합일을 추구하며 당대 이상적인 여인상으로 둥근 얼굴형에 건강한 골격을 가진 여인을 선호하였다.[105] 이에 피부의 청결과 몸을 정갈하게 하는 목욕을 중시한다. 다만 조선시대에는 어디서나 의관衣冠을 정제해야 하였기에 벌거벗은 채로 목욕하기를 꺼렸다.

일반 여염집 여성들은 엷고 은은하게 화장하였고 기생, 궁녀 등 특수층 여성들의 화장은 짙고 화려해 그 이원화가 더욱 뚜렷해졌다. 또 일반 여성들도 평상시에는 깨끗하고 단아한 자연 화장을 하다가 혼인, 연회, 외출할 때는 화려한 화장을 하는 등 때에 따라 세분화되었다.[106] 이는 유교적 도덕 사회에서 당시 남성들의 이원화된 여성관에서 기인하니, 조선 여성들의 겉모습은 오로지 남성에 의한, 남성들을 위한 것이었다. 조선 남성들의 여성에 대한 이중성은 화장 문화에서도 여실히 나타난다.

사녀도 | 김홍도

조선 후기 김홍도의 〈사녀도〉와 신윤복의 〈미인도〉, 〈단오풍정〉 등 풍속화를 살펴보면 조선의 남자들이 선호하는 미인상과 이상적인 여인상에도 확연한 차이가 있다. 기생이나 처첩은 백옥같이 하얀 피부, 가는 버들 눈썹, 복숭아색 뺨, 앵두같이 붉은 입술로 묘사하고 있어 그 이중적인 성격을 알 수 있다. 하얀 피부에 대한 선호는 일찍이 고조선부터 비롯되어 조선시대에는 기미, 주근깨, 흉터가 없는 백옥같이 투명한 피부를 추구하였다.

백옥 같은 흰 피부를 위해 세수를 할 때는 팥이나 녹두를 맷돌에 갈아 채에 친 고운 가루를 사용하였다. 미안수(지금의 로션)를 만들어 사용하고 꿀 찌꺼기를 펴서 발랐다가 일정 시간 후 떼어내는 미안법(요즘의 팩)을 하는가 하면, 손쉬운 방법으로 오이꼭지를 얼굴에 문지르기도 하였다. 남자들도 하얀 피부를 위해 분세수를 하기도 하였다. 분대화장에는 쌀가루로 된 백분, 납가루의 연분을 이용하였는데,[107] 그 제조기술은 고대부터 뛰어난 수준이었다고 짐작된다.

그러나 아내나 며느리에게는 점잖고 기품 있는 용모를 원하고 이를 여인의 미덕으로 삼았다. 건강하고 성격이 원만하며 성실한 여성상을 추어올렸고 이런 사회 분위기로 화려한 얼굴화장은 위축되었다.[108] 이에 여염집 여성들은 깨끗하고 맑은 피부를 지니기 위해 노력하고 화장은 대부분 가벼운 단장에 그쳐 분대화장은 기생과 소실들을 중심으로 보급되었다. 따라서 조선의 화장 문화는 여염집 부녀자들보다는 기녀나 궁녀 같은 특수직 여성 중심이었고 외출이나 결혼 같은 행사의 의식 행위로 개념이 바뀌었다.

여염집 규수들의 화장한 모습이 화장 전과 확연히 달라 보이면 '야용冶容'이라 하여 경멸하였다. 여염집 규수들은 짙은 화장으로 기녀로 오인되는 것을 우려해 엷고 은은한 화장 즉, 얼굴에 눈썹을 그리고 분을 바르고 연지를 그리되 본래의 생김새를 바꾸지 않는 범위 내에서 자연스러운 화장을 추구하였다.

따라서 색조화장보다 자연스러운 기초화장에 주력한 일반 부녀자들의 화장은 그 어느 시대보다 부드럽고 세련된 화장으로 변모하였다. 이에 고려 이전부터 전해온 짙은 분대화장이나 연지 곤지는 혼례 같은 의례 화장이나 강강술래 같은 특수한 행사, 놀이의 분장으로 애용되었다.[109]

다만 연산군 때에는 전국적으로 미녀를 뽑아 궁내에 모아 놓고 화장을 장려하며 화장법을 개발하도록 국책으로 명령했다는 기록도 있다. 연산군은 장악원이라는 유흥장을 만들어 가무를 연습시키기도 하는 등 고려시대 국책이었던 분대화장법을 적극 장려하였다. 연산군 즉위 기간에 유일하게 화장품이나 화장술이 크게 발전하였다.

조선시대 화장품의 종류와 문화는 『여용국전女容國傳』이라는 소설을 통하여 알 수 있다. 여성용 화장품과 화장도구를 의인화한 소설로 거울, 족집게, 모시실, 수건, 경대, 세숫대야 등의 화장도구와 분, 연지, 머릿기름, 밀기름, 향, 미안수 등 화장품 20여 종이 등장한다. 또 임진왜란 직후 선조 때 일본에서 발매한 '아침이슬朝の露'이라는 화장수 광고 문안에 '조선의 최신 제법으로 제조한…'이라는 구절이[110] 등장하는 것을 보면 조선 중기까지 화장품 제조기술이 높은 수준이었음을 알 수 있다.

조선시대 화장품 생산은 일시적으로 궁중의 화장품 생산을 전담하는 관청인 '보염서補艶署'에서 이루어졌다. 보염서에는 궁중의 여인들과 외명부, 기생들이 사용하는 분을 제조하는 '분장'과 궁중에서 쓰는 각종 향을 제조하는 '향장'이 관내에 있었다. 한편 일반 여성들이 쓰는 대부분의 화장품은 직접 만들어서 쓰는 경우가 많았고, 자연 재료를 사용해서 손쉽게 만들었다.

숙종 때는 화장품 행상인 매분구賣粉嫗가 있었는데, 여성들의 화장품 구입은 대부분 이런 방문 판매를 통해서 이루어졌다. 이는 조선 사회에서 여성들의 외출이 자유롭지 못했기 때문이었다. 화장품과 화장도구를 취급하는 매분구와 일상 생활용품을 파는 방물장수를 통해 구입했고 따로 화장품을 판매하는 육의전의 '분전'도 있었다.[111] 이러한 것들로 미루어 조선시대에 화장품이 다양하게 대량 소비되었던 것으로 보인다. 조선 후기에는 분전 이외에도 연지나 분을 파는 가게나 일반 시장들이 생겨났으나 크게 활성화되지는 못하였다. 조선 후기에 이르러 다른 분야와 마찬가지로 산업화가 늦어져 외국의 화장품 기술에 비해 뒤떨어지게 된다. 하지만 21세기에 와서 K-미용 산업도 다시 세계적인 주목을 받으며 놀랄 만큼 성장하여 빛을 발하고 있다.

二
그녀들의 방

〔 그녀들의 방 〕

한국의 현대 패션 산업은 실로 조선 여성들에게서 비롯되었다 해도 과언은 아니다. 조선의 유교는 남성들에게는 글을 권장하고 여성들에게는 노동을 강요하였다. 조선의 여성들은 수많은 시간을 들여 침선과 누비, 자수, 매듭, 직물 회화의 정수 보자기와 조각보 등의 규방 공예를 만들어내며 그 속에 생활 정신을 담았다. 규방의 단절된 공간 안에서 가정의 부귀와 수복을 염원하며 정성 어린 한 땀 한 땀을 생활 공예품에 쏟아 넣었다.

규방 공예는 조선 여성들이 사회적 억압과 일상의 애환을 정화하는 탈출구인 동시에 창조적 욕구를 분출하는 수단이었다. 당대 여인들의 높은 정신력과 자존감, 미의식 등 그 삶의 방식을 엿볼 수 있는 중요한 단서이다.

규방 경제학

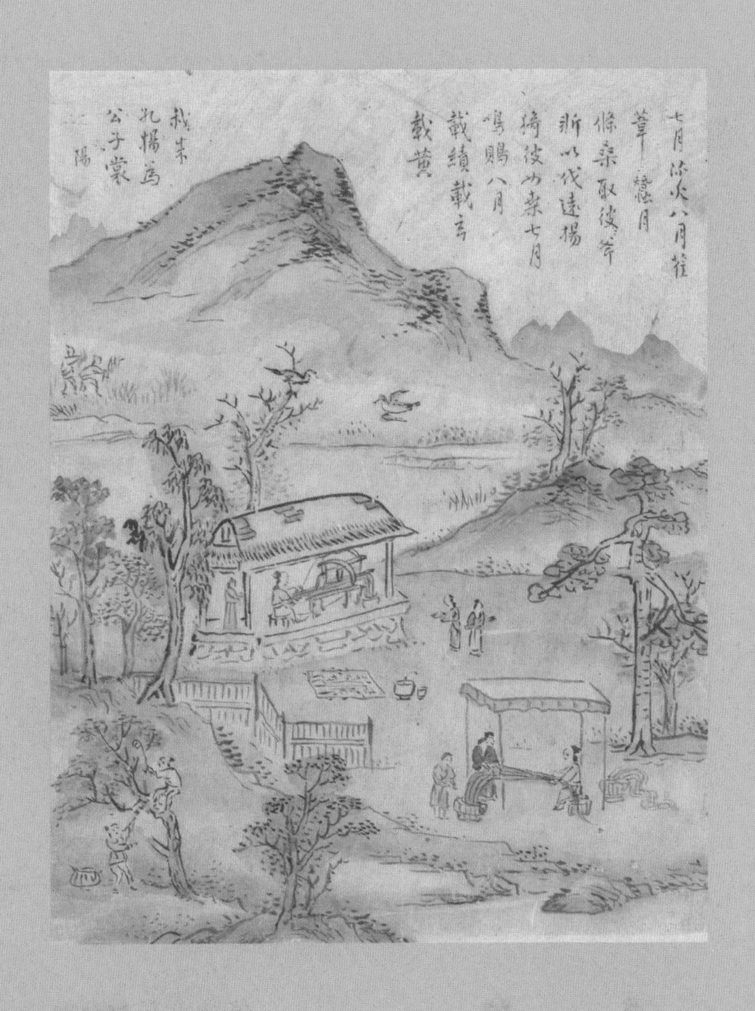

빈풍칠월도 | 이방운

(위)-홍화염색(44회 대한민국전승공예대전 특선) | 남혜인
(아래)양각 반짇고리(43회 대한민국전승공예대전 입선) | 윤소희

(위/아래)수보자기 | 김현희 | 서울특별시무형문화재 제12호 자수장

조선 사회에서 남자들이 글을 읽고, 먹고 마시며 풍류를 즐기고, 사색당파 담론에 열중하는 동안 여자들은 이를 위해 죽도록 일을 해야 했다. 쉬지 않고 바느질 같은 잡일로 가족을 부양했던 여자들의 이야기는 조선 도처에서 흔한 일이었다. 돈을 벌어오지 않는 남편들을 대신해 하루 종일 삯바느질을 하며 세금을 내고 국가 경제의 근간을 이루는 노동의 주체로 활동했지만 이들의 경제 활동은 가려지고 평가절하되었다.[1]

조선에서 여성들은 내외법에 의한 성차별적 억압뿐 아니라 신분적, 경제적으로 여러 면에서 억압된 존재였다. 중요한 것은 그와 같은 다중적인 억압 속에서 여성들이 자신에게 직면한 문제를 어떤 방식으로 해결해갔는가 하는 점이다.[2]

의녀, 궁녀, 기녀 등 특수층의 여성들을 제외하면 신분 상하를 막론하고 대부분의 여성들에게 주어진 일이란 오로지 육아, 요리, 베짜기, 바느질, 빨래, 청소 등 집안 살림에 국한된 일들뿐이었다. 이러한 일들은 '여공女工', '치산治產'이라는 이름으로 양반 여성들을 위한 집안일 정도로 교훈서에 빠지지 않고 등장한다.[3] 그러나 여성들의 일은 집안에서 이루어지는 가사노동이나 가정경제의 범위를 넘어 상업 등의 경제 활동으로 이어졌다.[4] 이 가운데 베를 짜는 일은 국가 경제와도 관련된 중요한 산업으로 발전하였다.

엄격한 신분제 사회인 조선에서 여성들은 신분에 따라 그 경제적 조건이 달랐다. 양반집 여성과 상민 여성의 삶도 매우 달랐다. 상민 여성들은 아이들을 키우고 집안일과 농사일을 하면서 무명과 삼베를 짜는 길쌈부녀자들이 가정에서 직물을 짜는 모든 과정이나 빨래, 나물 캐기 등 힘든 노동을 하였다. 천민 여성들은 관청, 양반집 등에서 온갖 힘들고 궂은일들을 도맡아 하였다.

남성 중심 사회에서 여성들은 결혼으로 주어진 삶의 경제적 여건들이 결정되었다. 근대화가 시작되는 조선 후기까지 신분이 경제적 분배를 결정하는 지표였다. 상황이 이러하니 조선 여성은 경제적인 면에서 남편에게 의존적일 수밖에 없었다. 이러한 조선시대 정서가 현대 한국 사회에서도 아직 잔존하고 있는 것도 사실이다.

모든 양반이 조선시대의 경제 지표였던 토지와 노비를 소유한 것은 아니었다. 선대로부터 물려받은 토지가 없거나 관직을 얻지 못한 양반들은 경제적 기반을 갖추지 못한 채 궁핍한 생활을 할 수밖에 없었다. 이는 양반 수가 급증하는 조선 후기로 갈수록 더욱 심해지는데, 경제활동은 하지 않고 글공부에만 매달리는 양반 남성들을 대신해 생계 전선에 뛰어든 것은 바로 여성들이었다.[5] 양반으로서의 체면은 고사하고 최소한의 생계조차 어려운 사대부 여인들은 경제활동으로 내몰렸고 다양한 돈벌이로 경제적인 어려움을 해결해야 했다.

신윤복의 〈어물장수〉는 생선이 담긴 광주리를 머리에 이고 채소가 가득한 망태기는 어깨에 메고 장사를 하는 여인의 모습을 묘사하고 있다. 조선시대 시장에 나와서 물건을 사고팔며 흥정하는 이가 대부분 여성이었다고[6] 하는데, 이 가운데 김만덕1739~1812은 시대를 뛰어넘는 여성 기업인으로 정조 때 조선 전국에 알려졌던 인물이다. 특히 장안에서는 큰 화제를 불러일으켜 사대부를 비롯해 많은 이들이 만나고 싶어하는 유명 여성 인사였다. 형조판서를 지낸 이가환은 시를 지어 헌정하였고, 조선 영·정조 때 영의정 번암 채제공은 『만덕전』을 써서 기록으로 남길 정도였으니 잡초같이 강인한 조선 여인들의 질긴 생명력을 엿볼 수 있다.

특히 조선 후기 상품화폐 경제로 접어들면서 규방에서 만들어진 다양한 공예품들이 상품으로 경제적 가치를 지니게 된다. 이 중에 규방 여인들이 베를 짜서 만든 직조물은 경제적으로 중요한 역할을 했다. 담장 속 규방에서 여인들이 만들어내는 수공예품들은 이제 더는 소일거리의 대상이 아니었다. 생계를 위한 중요한 출구였다.

〈빈풍칠월도〉는 뽕잎을 따서 베를 짜고 염색을 하며 가정경제를 이끄는 조선 여성들의 모습을 잘 보여준다. 규방 여성들의 침선, 베와 같은 직조물들은 자급자족의 범위를 뛰어넘어 가족의 생계를 위한 치열한 생업 수단이 되었다. 더구나 18세기 후반부터는 규방의 직조물이 화폐 가치로 인정받고 조세물로 국가 재정의 중요 원천으로까지 발전되었으니[7] 가정뿐 아니라 국가 경제에까지 미치는 당시 규방 여성들의 활약상은 가히 세계적인 수준이다. 조선 후기 포 1필은 쌀 4두와 그 가치가 같았으므로 면포 10필을 생산할 경우 쌀 40두를 생산하는 것과 같았다. 쌀 40두는 성인 1명이 1년 동안 먹을 수 있는 양이었으므로 여성 1명이 1년에 60필의 베를 짜면 성인 6명이 1년 먹을 수 있는 쌀을 구입할 수 있었다.[8] 따라서 여성이 베를 짜고 염색하는 일만으로 충분히 가족을 부양할 수 있었고, 이를 상품화하여 재산도 모을 수 있었다.[9] 조선시대 규방에서 행하는 침선과

1

2

1 어물장수 | 신윤복　2 노동 | 김준근

1

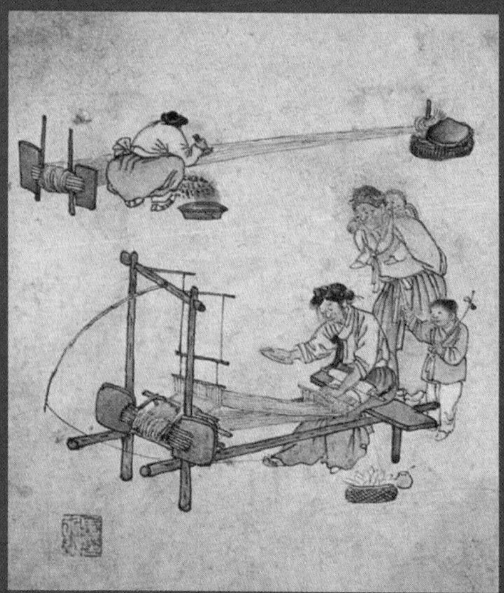

2

3

1 빨래터 | 김홍도　2 길쌈 | 김홍도　2 빈풍칠월도 | 이방운

실을 뽑고 베를 짜는 방적물들의 경제적 가치는 규방가사 「규문전회록閨門轉懷錄」 속에도 그대로 반영되어 있다. 이 가사를 보면 아무리 집안이 가난해도 부지런히 일하면 살 도리가 생긴다며 여성들에게 잠시도 놀지 말고 부지런히 일할 것을 격려한다.[10] 이렇듯 조선의 경제는 규방 여성들의 솜씨로 피어나고 있었다. 당시 「화전가花煎歌」 가사에서도 여성들의 침선과 직조를 한 집안의 생계를 유지하는 수단으로 인식하고 있었음을 알 수 있다. 남편 대신 경제활동을 해서 가족의 생계를 책임지는 것이 덕목으로 추앙될 정도였으니 당시 조선 여성들의 고된 생활상을 알 수 있다.

이에 조선 후기 실학자 이덕무는 가난한 선비의 아내들에게 일하기를 적극 부추기고 있다. "길쌈을 하고 누에를 치는 일은 진실로 그 근본이 되는 일이요, 심지어 닭과 오리를 치고 장과 초와 술과 기름을 사고팔고 또 대추, 밤, 감, 귤, 석류 등을 잘 간수하였다 때를 기다려 내어 팔며 또 홍화, 자초, 단목, 황벽, 검금, 남정 등을 무역하여 모으고 도홍, 분홍, 송화, 황유, 초록, 천정, 아청, 작두자, 은색, 옥색 등 여러 가지 물들이는 법을 배워 알면 이는 오직 생계에 도움이 될 뿐만 아니라 역시 부녀자 수공의 한 가지다."[11]라고 하며 여성에게 가족을 위해 끊임없이 일하고 재산도 모을 것을 권장하고 있다. 조선이 얼마나 여성들에게 편파적인 사회였는가를 알 수 있다.

'과부집에는 쌀이 서 말, 홀아비 집에는 이가 서 말'이라는 옛 속담은 아마도 조선 여인들의 굳건한 생활력에서 비롯된 것이리라. 또 다른 규방가사 「복선화음가福善禍淫歌」에는 여성들이 뽕을 따고 누에를 쳐서 실을 뽑고 옷감을 만들어 수의를 비롯해 녹의홍상, 색동옷, 조복 등의 의복을 지어 품삯을 받기도 하였다고[12] 묘사하고 있다. 이는 규방 공예품들이 자급자족적 생산을 넘어 재산 축적을 위한 것임을 보여준다. 여성들은 규방 공예로 다른 여성들과 연대하여 가족의 생계를 책임지고, 고된 삶의 풍파를 헤쳐나간 조선 경제의 주체였다.

이 외에도 수많은 규방가사가 침선으로 돈을 벌기 시작하여 누에를 치고 그 돈으로 전답을 사서 농사를 짓고 밭을 일구거나 가장을 공부시키고 가계를 이끌어가는 등 양반 여성들의 경제활동에 관한 내용을 담고 있다. 이는 규방 공예품들이 하나의 경제 산업으로 변화했음을 보여주는 단서이다. 이렇듯 여성들은 경제 논리에 따라 신분 의식을 해체하기도, 고집하기도 하며 불합리한 사회 구조 속에서 자신의 삶과 가정경제를 이끌어 나갔다. 그리고 그 중심에 바로 규방 공예가 있었다.

규방 예술학

수놓기 | 엘리자베스 키스

십장생도 10폭 자수 병풍 | 최정인 | 서울특별시무형문화재 제12호 자수장

자수 사계분경도 | 김현희 | 서울특별시무형문화재 제12호 자수장

유교의 내외법으로 남녀의 생활 공간이 분리되면서 자연스럽게 교육도 차별화되었다. 남자아이는 5세가 되면 숫자와 동서남북의 방위를, 9세에는 날짜 헤아리는 것을 배우고 10세가 되면 스승에게 가르침을 받았다. 그러나 여자아이는 10세가 되면 집 밖을 함부로 나가지 못했고 집안에서 방적, 양잠, 옷 만들기, 제사상 차리기 등을 배웠다.

이렇듯 조선의 여성들은 교육에서도 배제되어 사회와 격리된 가택의 가장 깊숙한 안채, '규방'이라는 공간 안에서 시를 짓고 그림을 그리거나 옷감을 짜고 염색을 하며 침선이나 조각보, 자수 등을 만드는 데 시간과 열정을 쏟았다. 그리고 그들만의 예술과 문화를 만들어 갔다. 조선 여성들이 규방에서 옷, 자수, 매듭, 주머니, 보자기 등 다양한 생활용품을 만드는 활동을 '규방 공예'라 일컫는다. 이렇게 사회와 단절된 규방에서 만들어진 의식주 중심의 복식, 음식, 공예는 한국을 대표하는 문화로 발달하였다.

조선 여성 실학자 빙허각 이씨1759-1824의 『규방총서閨閤叢書』는 한복을 마르고 짓는 척도와 수놓고 물들이고 빨래하는 법 등 의생활 전반을 다루는데, 특히 침선은 부녀자의 최고 덕목으로 여겼다. 신사임당, 허난설헌, 정일당 강씨 같은 천재 여성들의 시나 그림 작품은 규방 내 교육보다는 독학으로 배우고 익힌 솜씨였다는 점에서 좀 예외적이다. 그리고 의식주에서 벗어난 시와 그림에 뛰어난 것을 오히려 천하게 여겼다. 여성은 셈과 글을 모르는 것이 오히려 덕목으로 여겨졌다. 당시 그림의 기예는 수절하는 불행한 여인들이 고독과 애환을 달래는 창작 수단이기도 하였다.

그래서 조선의 여성들은 격리된 규방 안에서 생활용품들에 예술적 감성을 담아냈다. 이를 통해 창작의 순수한 즐거움을 얻었고 사회적 억압과 일상의 애환을 치유했다. 또 규방 공예는 여성들이 지적인 욕구를 표출할 수 있는 유일한 출구였다. 이것이 바로 규방 공예가 탄생하게 된 배경이다.

사회와 단절된 규방 속 생활이 문화를 만들고 그 속에서 탄생한 규방 공예는 그녀들이 창조성을 표현하는 예술 활동이었다. 예술은 어느 시대, 어느 민족이든 그들의 생활에서 녹아 나와 시대와 민족의 철학과 의식을 반영하며 그 본연의 원형이 무의식적으로 상징화되어 나타난다.

인고의 역사 속에서 이어져 온 규방 문화는 한국적 디자인의 원형으로 활용 가치가 높은 우리 민족의 중요한 문화유산이다. 규방 공예에 담긴 조선 여인들의 삶과 정신은 지금까지 그 예술적 가치가 제대로 조명되지 못했다. 세계적으로 관심을 받고 현대에 재평가되고 있으나 규방 공예를 응용한 디자인은 큰 발전 없이 전통 디자인을 그대로 복제, 모방하는 수준에 머물고 있다.

규방 공예는 젊은이들에게는 새로운 신한류의 아이디어로 연결될 수 있고, 중장년층에게는 새로운 한문화를 열어가는 생활 공예의 길을 제시할 수도 있다.

조선의 여인들이 특별한 지적 교육을 받지 못했음에도 수천 년 역사 속에서 이어져 온 한국문화의 본질을 이해하고 솜씨에 담아내었음은 참으로 놀랍다. 한복 침선에 담긴 한국문화적 특성을 이해하는 것은 그 바탕에 깔려 있는 '한韓'철학을 사유하는 것이다. 단지 마름질과 바느질의 기능이 아니라 그 안에 담긴 한문화의 본질을 이해할 때 비로소 창조의 눈이 떠지게 된다. 조각보에 담긴 미감 역시 오늘날 우리가 도저히 따라가기 힘든 과학적 사고의 결과물임을 이 책을 통해 알게 될 것이다.

규방 인문학

독서하는 여인 | 윤덕희

고려시대는 여성이 남성과 동등했다. 외출할 때는 말을 타고 다녔을 만큼 활동이 자유로웠고 결혼 후 남자가 처가살이를 하는 것이 흔한 일이었다. 여성들의 재혼도 자유로웠다. 아들이 없을 때는 딸이 제사를 지내기도 했고, 재산은 아들딸 구별 없이 균등하게 상속받았다. 또 족보에 이름을 올릴 때도 출생 순으로 하여 아들과 딸을 차별하지 않았다.

조선 초기만 해도 여성의 지위가 고려와 크게 다르지 않았다. 신사임당도 외할아버지에게 글과 그림을 배우고, 결혼한 후에도 한동안 친정에서 지내기도 하였다. 유교 이념은 남존여비 사상이 강했지만 적어도 16, 17세기까지는 고려의 전통이 남아있어 딸들에게도 시문학과 서화를 가르치고 재산 상속에서도 동등한 대우를 하였다.

그러나 17세기 이후 유교적 사회 윤리가 강화되면서 여성의 지위는 크게 달라지기 시작했다. 여성들의 공간은 담장 속 규방으로 제한되었고 지식을 습득하는 데도 제약이 따랐다. 칠거지악이라 하여 '투기하지 말고, 개가改嫁하지 않으며, 자기주장을 하지 않는' 등 조선 여성들에게 금지된 사항을 곱씹어 보면 당시 여성들의 생활상에 그러한 면들이 있었음을[13] 짐작해볼 수 있다. 오히려 '칠거지악'과 같은 금기사항은 지적인 욕구와 일에 대한 자부심이 강하고, 풍류를 알고 즐기는 여성들의 지적 성장을 차단하기 위함이었음을 알 수 있다.

공자의 가르침은 오늘날까지 자주 입에 오르내리는 한국사의 진리가 되어왔다. 그러나 여자와 천민은 가르치면 안 된다는 공자의 말씀이 과연 우리가 받들어야 할 진리였을까. 여자란 그저 아들을 낳아주고 살림만 잘하면 되는 물성物性으로만 인정될 뿐 그 외에는 집에서 기르는 가축과 크게 다르지 않았음은 참으로 참담한 일이다. 무엇이 옳고 그른가에 대한 생각과 판단을 하지 말아야 한다. 시집가는 딸에게 부모가 이른 것은 '벙어리 3년, 귀머거리 3년, 소경 3년… 보지도 듣지도 말하지도 웃지도 마라.'는 가르침이다. 그래서 시집갈 때 신부들에게 눈꺼풀이 맞붙어 앞을 볼 수 없게 눈에 꿀을 바르고, 듣지 못하게 귀는 목화솜으로 틀어막고, 웃지도 말하지도 못하도록 입에는 대추씨를 물렸다. 또 여성 스스로가 이를 내면화하도록 교육시켰다.

한글을 배우고, 아버지와 남편 그리고 아들을 따르라는 삼종지의를 배우며, 남녀의 차이를 인식하는 내외법, 가사노동과 함께 조상을 모시는 제사상 차리는 예법을 익히는 것이 여자들을 위한 교육의 전부였다. 여자들을 집이라는 공간, 그것도 그들이 숙식하는 규방이라는 한정된 공간에만 묶어두는 행실 교육이 전부였다. 모든 교육은 규방에서 은밀히 행해졌고 시와 그림에 뛰어나지 못한 것이 미덕이었고 셈을 할 줄 몰라야 좋은 품성으로 인정받았다.

그렇다고 해서 모든 면에서 여성의 지위가 남성보다 낮기만 한 것은 아니었다. 가정 안에서만큼은 여성도 큰소리를 낼 수 있었는데, 가정을 지키고 자녀를 가르치는 일, 그리고 제사를 준비하는 모든 일은 여성의 몫으로 남편은 집안일에 간섭할 수 없었다.[14]

이러한 상황에서 조선 규방은 여성이 스스로를 가꾸고 표현하는 자유의 공간으로 발전하였다. 여성의 교육과 활동에 대한 여러 금제에도 불구하고 자신들의 지적 욕구를 펼치고자 하는 여인들도 많았다. 유교의 규제는 오히려 여성들의 지적 욕구를 자극하는 촉매제가 되기도 하였다. 규방이라는 곳은 그 문지방을 함부로 넘나들거나 침범할 수 없는, 남성들의 직접적인 통제가 불가능한 공간이기도 했다.[15] 결과적으로 양반가의 여성들을 사회에서 격리시킨 유폐幽閉의 공간이 여성들의 지적, 문화적 공간으로 발전해갔던 것이다.

성리학자들은 여성이 글을 읽고 문장이나 시를 짓는 것은 예법에 어긋난다고 생각했기 때문에 여성들에게 문장이나 시 짓기를 가르쳐서는 안 된다고 주장했다.[16] 철저하게 지적 교육은 차단하면서 『내훈內訓』, 『여사서女四書』, 『사소절士小節』 등의 교훈서로 여자가 가져야 할 자세와 자녀 훈육법에 대한 지침만 설파할[17] 뿐이었다. 이익이 『성호사설星湖僿說』에서 "글을 읽고 의리를 강론하는 것은 남자가 할 일이요, 부녀자는 절서節序에 따라 조석으로 의복과 음식을 공양하는 일과 제사와 빈객賓客을 받는 절차가 있으니 어느 사이에 서적을 읽을 수 있겠는가? 부녀자로서 고금의 역사를 통달하고 예의를 논설하는 자가 있으나 반드시 몸소 실천하지 못하고 폐단만 많은 것을 흔히 볼 수 있다."라고 했다.[18] 이처럼 남성과 여성이 해야 할 일이 따로 정해져 있는 조선 사회에서 글을 읽고 쓰는 것은 여성의 몫이 아니었다. 그럼에도 불구하고 사대부 집안 출신의 신사임당, 이매창, 허난설헌과 기녀인 축, 황진이 등 많은 여성들이 스스로 익히고 닦아 얻은 솜씨로 많은 그림과 문학 작품을 남겼고, 이들은 동시대 사대부 여인들에게 귀감과 자극제가 되었다.

대부분의 여성들은 글 쓰는 일을 올바른 여성의 행실로 여기지 않았다. 그러나 지적 욕구를 가진 많은 여성들이 글을 배워 책을 읽었는데, 그런 점에서 조선 후기에 규방가사가 쏟아져 나온 것은 특기할 만한 일이다. 규방가사는 조선 후기 사대부 여성들을 중심으로 창작되고 향유된 가사 장르이다. 내방가사內房歌辭, 규중가도閨中歌道, 규방문학閨房文學, 규중가사閨中歌辭 등으로도 불린다. 이 시기 형성된 규방가사는 양반 여성을 가사의 새로운 작가층으로 부상시켰을 뿐만 아니라 양반 남성들의 관념적 세계와는 다른 여성들만의 시대의식을 이야기하며 가사 문학의 영역을 확장시켰다.[19] 이 시기 여성들이 규방가사를 창작하면서 여성 공통의 삶을 이야기한 것은 조선 후기 여성들의 삶이 많은 변화 속에 놓여 있었음을 의미한다. 조선 후기 화가 윤덕희1685-1766가 책을 읽는 여성을 묘사한 풍속화가 현대에 주목을 받는 이유는 조선시대 여성들의 지적인 활동을 묘사한 작품이 극히 드물기 때문이다.

한국 여성사에서 최고의 암흑기였던 조선시대에도 많은 여성들이 이름을 떨쳤다. 많은 여성들이 경서經書, 중국의 고전. 보통 『역경』『서경』『시경』『예기』『춘추』, 사서四書, 유교의 기본 경전인 『대학』『논어』『맹자』『중용』, 제자백가諸子百家, 중국 춘추전국시대에 활동했던 다양한 학파와 학자들을 통칭 등 역대 고전과 문학 작품에 대한 조예가 깊었으며 그 독서량과 지식은 매우 방대했다. 여성 지성인들은 남편과 가정에 충실하면서 전통적으로 전해오는 경전을 과거 유학자들과는 다른 관점에서 수용했다.

당대 최고의 여성 성리학자 임윤지당1721-1793은 가난한 양반 가문에서 태어나 아버지를 일찍 여의고 결혼 후 남편과 어린 자식까지 잃는 등 온갖 불행을 겪었지만 학문을 게을리하지 않았다. "남성과 여성은 처한 입장만 다를 뿐 타고난 본성은 다르지 않다."고 생각한 윤지당은 남성만의 영역이었던 성리학에 과감히 도전해 조선 최고의 여성 성리학자로 우뚝 섰다.[20]

또 명문가에서 태어난 빙허각 이씨1759-1824는 실학자 집안으로 시집가서 시댁의 학자적 분위기에 영향을 받아 여성 생활백과인 『규합총서』를 한글로 펴냈다. 유일하게 여성이 쓴 생활사전인 『규합총서』는 방대한 문헌을 철저하게 비교 검토하고 자신이 직접 체험해 얻은 결과만을 실어 여성의 가사를 학문화한 책으로 유명하다. '규합'은 여성들이 거처하는 공간을 가리키고 '총서'는 한 질을 이루는 책을 말하는데, 총 5권으로 이뤄진 『규합총서』는 요리를 비롯해 밭농사, 가축 기르는 법까지 여성의 가사 영역을 집 밖 경제활동으로까지 확장한 것으로 의의가 깊다.[21]

신사임당1504-1551은 시, 글씨, 그림에 모두 뛰어난 조선의 여성 예술가로 유명하다. 채색화와 묵화 등 40폭 정도의 작품이 전해져 온다. 산수, 포도, 대나무, 매화, 나비, 벌, 메뚜기와 같은 다양한 자연 소재에 단순한 주제, 간결하면서도 안정된 구도와 섬세한 표현으로 당대 여성들의 높은 정신세계를 보여준다. 여류 시인 허난설헌1563-1589은 『홍길동전』을 지은 허균의 누나로 어려서부터 시에 천재성을 보였다. 8살 때 자신을 신선 세계의 주인공으로 묘사한 「광한전백옥

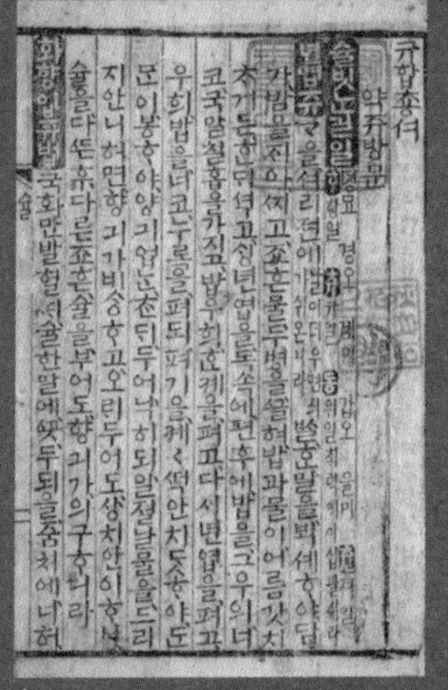

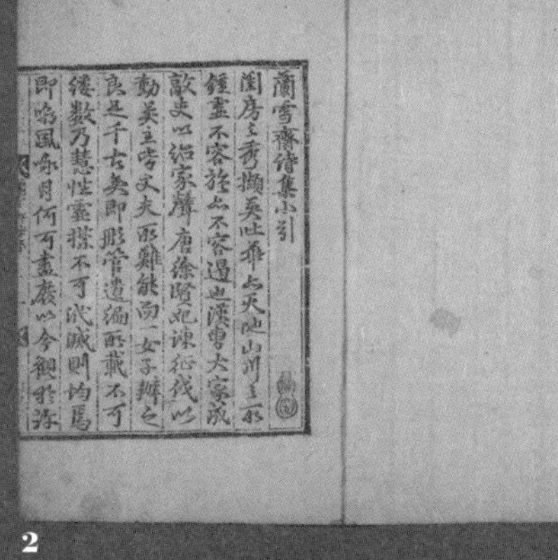

1 규합총서 | 빙허각 이씨　2 허난설헌 시집　3 초충도 | 신사임당　4 화접도 | 신사임당

루상량문廣寒殿白玉樓上樑文」이라는 시를 지어 어른들을 놀라게 했다. 조선의 사대부 지식인들 사이에서도 뛰어난 천재 시인으로 인정받았다.

조선 여성의 지성사는 열악한 환경에서 움트고 성장했다. 조선의 여성 지성인들은 자신들이 처한 상황에서 전통과 새롭게 싹튼 지적 자의식 사이의 균형을 지켜가며 지적 활동을 이어가야 했다. 그러나 이와 같은 몇몇 여성들을 제외하고 대부분의 여성들은 그들의 창조적 에너지를 규방에서 바느질이나 자수 등에 쏟을 수밖에 없었다. 이것이 바로 규방 공예의 시작이었다.

이렇듯 유교는 여성들의 삶을 사회와 단절시켰으나 이러한 제약은 오히려 여성들의 지적 호기심을 자극하여 기예 문화가 발전하는 촉매제가 되었다. 창작에 대한 열정과 근력을 키우는 동기 부여가 된 것이다. 그 속에서 그녀들은 가내家內의 예의범절을 익히고 스스로 문자를 배우고 가사 기술과 바느질을 숙련하며 스스로의 존재감을 키워갔다. 가사 기술과 바느질은 단순한 노동이 아니었다. 과거부터 이어 내려온 문화의 전승이자 그 본질에 대한 탐색의 시간 속에서 탄생한 한국적 DNA의 근원이다. '규방 공예'를 단순히 기능적인 여성의 손기술로만 보기보다 이에 담긴 여인들의 정신세계에 주목해야 한다. 여기에는 괄목할 만한 한국적 DNA의 본질이 담겨 있다.

흔히 디자인을 할 때 구성을 위한 컨셉을 정하고 여기에 철학적 사유를 담아 이를 전개해간다. 규방 공예 속에는 분명한 한국적인 정신세계의 본질을 담아내려는 당시 규방 여인들의 철학적 관점이 담겨 있다. 예술과 과학의 현대적 관점과 그 맥이 통하고 있다는 것은 간과할 수 없는 사실이다.

현대에 조선 규방의 수공예품들과 그 문화적 가치가 주목받는 데는 고대부터 이어져 온 한민족의 자연 철학을 예술적 형태로 풀어낸 깊이에 있지 않을까 생각된다. 지금까지 규방의 공예적 기능과 기술에만 주목했으나 앞으로 이를 창조적인 미래 산업의 경제 가치로 발전시키기 위해서는 그 안에 담긴 철학과 예술적 정서의 의미를 더듬어보는 것이 매우 중요하다. 우리의 '옛것'에 대한 재인식, 재조명을 통해 그 보편적이고 세계적인 가치를 두루 알리는 작업이 중요하다.

三

조선패션명품

〔 조선패션명품 〕

전통은 예술에 있어서 하나의 기반이자 토양이다. 고정된 어떤 형식이나 틀이 아니고 새로운 예술의 지평을 열어주는 영감이다. 전통적 가부장 사회의 억압된 삶 속에서 규방 여인들의 생활 미학이 담긴 규방 공예는 한국 정신문화의 결정체이자 즉흥적이고 직감적인 현대 미학의 고독한 파편이다.

유교적 이념에 이성과 감정 모두를 차단당한 채 살아온 규방 여인들이 생활에서 창조한 규방 공예의 세계성은 우리에게 많은 것을 시사한다. 조선시대 규방에서 한 땀 한 땀 엮어 만든 수보자기, 조각보, 매듭, 주머니 등은 패션 소품이지만 규방 여인들의 마음이고 철학이다. 전통은 형식이 아니라 정신이다. 우리가 이어가야 할 전통은 규방 공예, 그 저변에 놓인 우주적 통찰의 미감이다. 그래서 한국의 규방 공예는 현대적이다.

보자기

가변의 미학

봉황문 인문보(부분) | 국립고궁박물관

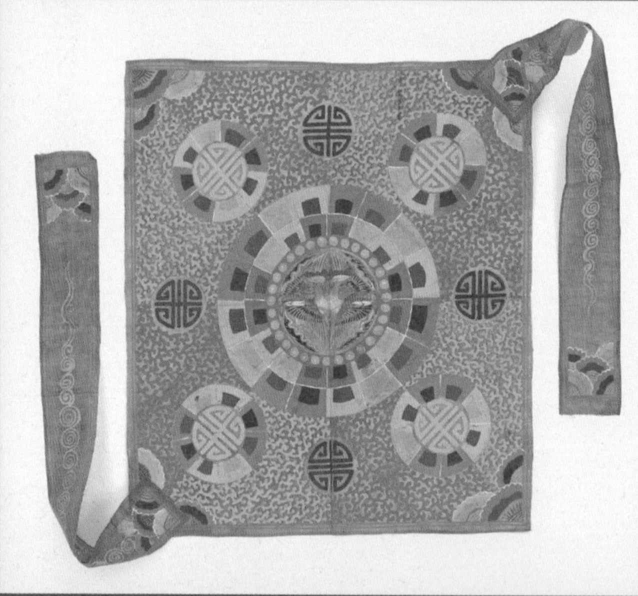

(위)봉황문 인문보(창덕7969) | 국립고궁박물관
(아래)봉황문 인문보(창덕7971) | 국립고궁박물관

(위)목단문 수보자기 | 김현희 | 서울특별시무형문화재 제12호 자수장
(아래)화조문 수보자기(46회 대한민국전승공예대전 입선) | 김지형

수보자기 | 김현희 | 서울특별시무형문화재 제12호 자수장

한국에는 전통적으로 물건을 싸는 개념의 보자기가 있다. 가지고 다니거나 수납하고 보관하기 위해 물건을 싸는 사각의 천이다. 그 사각의 천을 보褓라 하고 작은 보를 보자기라 한다. 보자기는 이런 용도 외에도 각종 예절과 격식을 차리는 의례용 덮개로, 혹은 주방에서 음식을 덮는 용도로 한국인의 생활문화에 다양하게 활용되어 왔다. 용도의 가변성이다.

사용 계층에 따라 평민들이 사용하던 '민보', 궁 안에서 사용하던 '궁보'가 있다. 특히 조선 왕실은 각종 아름다운 궁보를 정성을 표현하고 예를 갖추는 포장 도구로 다양하게 활용하였다. 신분과 물품, 상황에 따라 그 종류가 달랐고 다채롭고 화려한 문양을 사용했다.

규방의 여인들은 '기氣'의 우주적 공간감을 담아 보자기 문화를 만들어내었다. 우주는 이 '기'라고 하는 볼 수도, 만질 수도 없는 무형의 파동으로 가득 차 있다. 이는 만물을 생성하고 소멸하는 유기체적 공간이다. 일정한 방향성도, 형태도 없는 오로지 인간의 감각으로만 느낄 수 있는 공기와 같은 세계로 상황에 따라 변하는 '상대적 공간감'이라 할 수 있다.

한국인의 마음이 담고 있는 '기'의 상대적 공간감은 보자기의 싸는 문화를 탄생시켰다. 보자기는 일정한 사각의 천일 뿐 특별한 형태가 없다. 공간은 물체가 담길 때 비로소 형체가 드러난다. 책을 싸면 책의 형태, 공을 싸면 공의 형태, 도자기를 싸면 도자기의 형태 그대로 모습이 나타난다. 그야말로 싸이는 물건의 외형에 따라 보자기의 형태가 변한다. 이것이 보자기의 상대적 공간감이다. 물체가 공간을 변화시키는 것이다.

여기에서 상대적인 공간감이란 형태도, 방향도 감지할 수 없는 무형의 공간감으로 인간의 오감에 의해서만 감지되는 '기'의 세계를 말한다. 인간의 마음이 규정하는 바에 따라 어떠한 형태로도 변할 수 있는 가변적 공간감이다. 따라서 여기에는 정형화된 고정된 형태가 있을 수 없다. 상황에 따라 그 형상은 바뀌기 마련인 것이다. 이런 초공간적 '기'의 세계를 마음에 담아 만들어낸 것이 '보자기 문화'이다.

보자기 같은 특성이 잘 나타난 것이 한복 치마이다. 보자기처럼 한복 치마는 특별한 패턴이 없다. 본래 치마는 사각형 옷감 3폭을 세로로 이어 붙이고 여기에 긴 직사각형 띠를 가로로 이어 붙이면 그대로 완성이다. 특별한 인위적인 패턴이 필요 없는 자연 그대로의 천인 것이다. 싸이는 물건에 따라 보자기 형태가 만들어지듯, 치마도 입는 사람에 따라 형태가 나타난다. 똑같은 이치이다. 물질이 공간을 변화시키는 상대적 원리 그 자체이다.

보자기는 고정된 형태가 없는 사각천 공간이다. 여기에 이불을 싸면 이불보, 옷을 싸면 옷보, 책을 싸면 책보, 밥상을 덮으면 상보와 같이 상황에 따라 용도가 변하는 가변적 특성을 가졌다. 물체에 따라 공간이 바뀌고 용도에 따라 형태가 변한다. 한국인들은 이 보자기 하나로 별도의 공간을 차지하지 않고 생활용품을 싸서 선반에 올려 보관하거나 물건을 이동하는 등 모든 생활을 해결하였다. 공간과 물질과 마음이 하나로 만나는 생활과학을 창조한 것이다.

보자기는 물체를 둘러 감아 싼다. 치마 역시 인체를 감싸는 보자기와 같다. 이는 '기'의 순환의 원리를 담은 한국인의 마음의 표상이다. 기의 움직임은 비틀어 휘어 감아 도는 나선형의 파동이다. 이 선형의 공간을 궤적을 따라 연결하면 비틀어 돌려 감싸는 모습으로 형상화된다. 한국인들은 다차원 우주의 초공간적 '기'의 움직임을 '싸는 문화'로 창조해낸 것이다.

한국의 문화가 '싸는 문화'로 대변된다면 서양은 '담는 문화'라는 개념으로 이해된다. 이 역시 우주를 물체로 가득 차 있는 절대공간으로 바라본 서양의 관념 체계에서 비롯된다. 그래서 그들은 핸드백과 같은 고정된 절대공간에 물건을 담는 문화를 만들어왔다. 우주와 세계를 어떤 관념으로 인식했는지가 동서양 문화를 만든 주요한 본질이었음을 알 수 있다.

천이 귀하던 시절 규방 여인들은 보자기를 만들 때 옷을 짓고 남은 천의 자투리를 모아두었다가 이를 그대로 보자기 재료로 활용하였다. 규방이라는 외부와 단절된 공간에서 면면히 이어온 한국의 마음을 담아 독창적이며 예술적인 공예 문화로 발전시킨 것이다.

조각보

사각 추상

조각보(부분) | 국립민속박물관

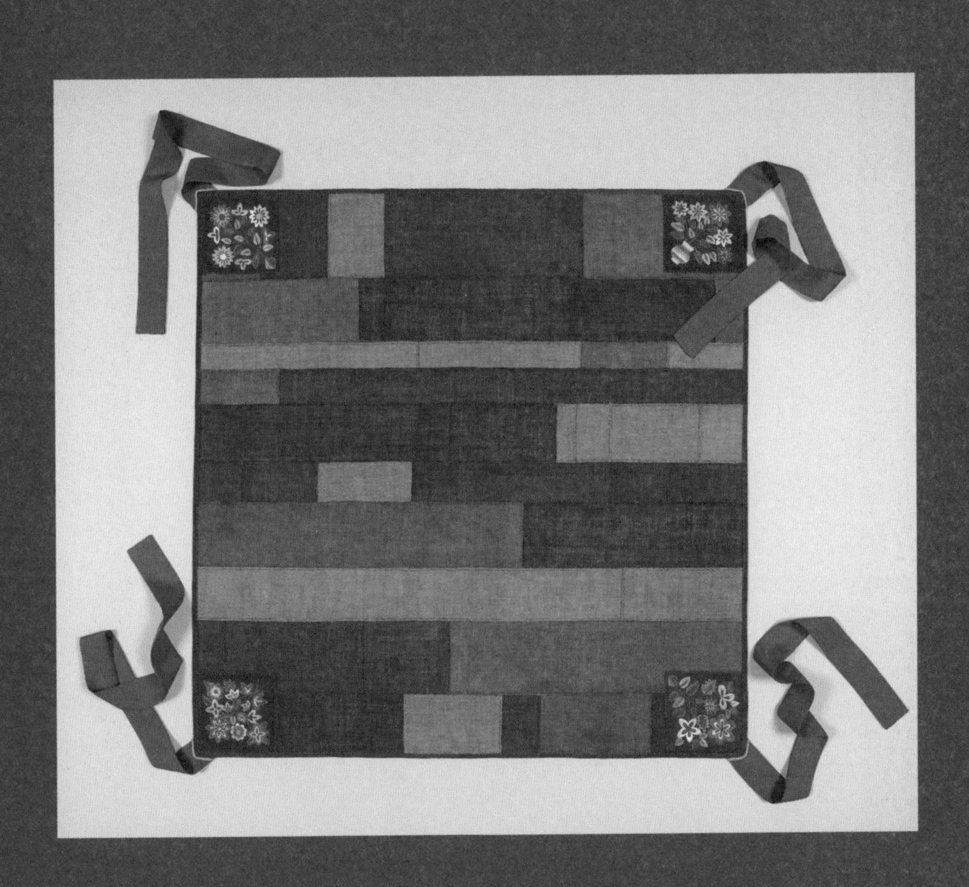

수조각보 | 김현희 | 서울특별시무형문화재 제12호 자수장

자수조각보(43회 대한민국전승공예대전 장려상) | 손을지

길상문 조각보(46회 대한민국전승공예대전 입선) | 서인홍

한국의 전통예술품을 자세히 살펴보면 한 가지 공통점을 볼 수 있다. 절제된 선들의 집합—원圓(○-天), 방方(ㅁ-地), 각角(△-人)이 바로 그것이다. 이러한 특징은 전통 예술인 한옥, 한복, 한식, 한과, 가구, 규방 공예 등 한국문화 전반에 나타난다.

한복은 사각형 옷끌이 반복 연결되고, 여기에 삼각형의 세부구조가 보태지고, 마지막으로 긴 직사각형의 띠로 돌려 감아 입음으로써 완결된다. 이렇게 사각, 삼각의 옷끌들을 접어가며 마름질하고 나면 소량의 각기 다른 자투리 천들이 남게 된다. 이 조각들은 불규칙적이고 우연한 사각의 다양한 변이를 이루는데, 규방 여인들은 이 자투리 천들을 모아 연결하여 조각보를 만들었다. 이러한 조각보는 사각을 바탕으로 원형, 방형, 삼각형이 반복적으로 연결된 구조로 다양한 사각의 하모니를 연출한다. 추상의 사각 공간이다.

조각보는 대표적인 규방 공예이다. 원래 보자기는 생활 공간의 효율적인 사용에 더없는 도구이다. 협소한 공간에서 고정된 가구보다 훨씬 더 많이 손쉽게 보관할 수 있다. 가변적이고 상대적인 한국문화의 특성을 대표한다. 보자기는 본래 북방계 유목민들의 문화로 생활용품들을 손쉽게 이동할 수 있는 최적의 도구였다. 공간의 사용목적을 고정적으로 규정하지 않는 한철학의 '기' 관념과 매우 닮아 있다.

용적이 자유롭다는 특징 때문에 널리 사용되었고, 규방 여인들은 침선에서 나오는 자투리 사각, 삼각의 천들을 모아 조각보를 예술의 세계로 창조했다. 자투리 천들을 한 점 한 점 이어 색면을 구성하고 전체 사각의 하모니를 연출하고 가족의 안녕과 수복에 대한 기원도 담았다. 조각보의 소재로는 명주, 모시, 양단 등이 사용되며 모시 조각보는 홑보로 만들어 주로 여름철에, 두꺼운 비단과 명주로 된 조각보는 겹보로 만들어 겨울철에 사용하였다.

추상과 우연

한국의 전통 조각보는 실용적일 뿐 아니라 정형화되지 않은 단순한 구성과 배치, 색채감으로 독특한 예술성을 지녔다는 점에서 다른 공예품들과 차별화된다. 특히 기하학적 면 분할과 색 구성이 매우 현대적이다. 한국의 전통 오방색(적색, 청색, 황색, 백색, 흑색)을 사용한 색감 표현은 현대 추상화가 몬드리안Piet Mondrian의 예술적 미감과 매우 흡사하다. 독일 린덴 국립민속학 박물관장인 피터 틸레는 「직물회화」라는 글에서 1백여 년 이상 앞선 "한국 조각보의 색채 구성과 제작 기법이 몬드리안이나 클레를 연상시킨다."고 했다.[1] 동서양의 상반된 문화에서 수 세기의 시간적 차이를 두고 발생한 한국의 조각보와 몬드리안 작품의 접점은 무엇일까?

전통 조각보에 보이는 자투리 천들의 불규칙하고 다양한 사각 연결은 반복적이며 순환적이다. 상하좌우 구분 없이 천 조각 그대로 연결되어 하나의 선으로 이어지며 띠를 형성한다. 이 띠는 각을 이루며 마치 퍼즐을 맞추듯 반복적으로 연결되면서 사각의 면을 구성한다. 여기에서 전혀 계획되지 않은 우연의 아름다움이 탄생한다. 불규칙한 사각의 천 조각들은 있는 그대로, 많으면 많은 대로 적으면 적

1 빨강, 검정, 노랑이 있는 마름모 구성
| 피에트 몬드리안
2 고구려 쌍영총(5C)

은 대로, 무작위적이고 자유분방한 원, 방, 각의 하모니를 만들어낸다. 다양한 사각형, 마름모형, 삼각형의 조각천으로 이루어진 즉흥적이고 자유로운 구성은 역시 우주와 자연에 대한 한국인의 마음인 '기'의 공간감을 담아낸다. 동양문화 가운데 유독 한국문화에서만 보이는 특성이기도 하다. '기'의 공간은 예측할 수 없는 변화와 추상의 공간이다. 이러한 관념은 고구려 벽화, 신라 토기, 조선백자, 분청사기, 민화 등의 한국적 추상예술로 구현되었다. 원근법의 파괴, 다양한 기하학적 하모니는 이미 한국의 전통예술에 모두 담겨 있는 전통 추상이다.[2] 그래서 한국 전통 조형물들은 현대예술의 특성과 닿아있다.

한국인은 대자연의 이치에 순응하여 적응하는 지혜를 터득하였고 이를 생활문화에 담았다. 대자연 우주는 언제나 변화무쌍하며 우연한 창조물을 낳는다. 조각보 안에서 펼쳐지는 불규칙한 사각의 변이와 무작위적인 우연성은 이런 우주와 자연에 대한 한국인의 마음을 담고 있다. 이렇듯 눈에 보이지 않는 초공간적 세계, 혼돈의 우주를 원, 방, 각의 조형으로 형상화했다. 그렇게 한국 규방 여인들의 정신세계는 '사유의 공간감'을 담은 추상으로 특유의 아름다움을 탄생시켰다.

조각보의 작은 사각의 반복은 전체 사각 공간으로 완결되어 '하나'(부분)이자 '여럿'(전체)인 바시미 구조를 보여준다. 바시미는 나무와 나무를 끼워 맞춰 작은 사각이 큰 사각 마루로 완성되는 한옥의 건축 기법이다. 조각보의 다양한 사각의 변이는 마름모형으로, 다시 그 속에 반복되는 삼각의 하모니를 이어간다. 사각 속 사각의 중첩, 원 속 원들의 중첩, 사각과 마름모의 변주가 들려주는 중첩의 하모니는 고구려 벽화에서도 무수히 볼 수 있다. 이것이 바로 '프랙털'이다. 프랙털은 작은 구조가 전체 구조와 비슷한 형태로 무한히 반복되는 자연의 구조를 말한다. 조각보 안의 원, 방, 각의 반복적 구성은 하늘, 땅, 사람의 대자연적 순환에 대한 한철학의 통찰이 그대로 스며들어 있다.

조각보는 자연계의 기본 색상인 적색, 청색, 황색, 백색, 흑색의 오방색을 중심으로 세분화된 유사색을 다양하게 사용하고 있다. 오방색은 동양의 우주 인식과 사상 체계의 중심이 되는 음양오행 원리를 색채에 적용한 것이다. 음양론이란 우주에 음(여성: -), 양(남성: +)이라는 두 개의 상반된 기가 있으며 천지 만물이 이 두 가지 기로 이루어졌다는 철학이다. 오행론은 우주를 관장하는 다섯 가지 기운, 즉 목(나무), 화(불), 토(흙), 금(쇠), 수(물)에 관한 우주 순환론인데, 이 다섯 가지 기본 원소인 오행에 상응하는 색이 적색, 청색, 황색, 백색, 흑색의 오방색이다. 고대부터 우리 선조들은 하늘을 숭상하는 뜻으

몬드리안과 조각보

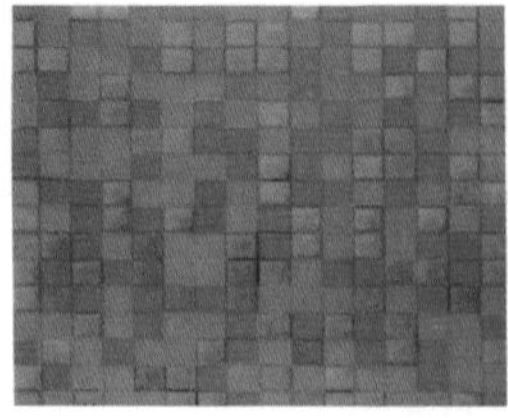

그림 1

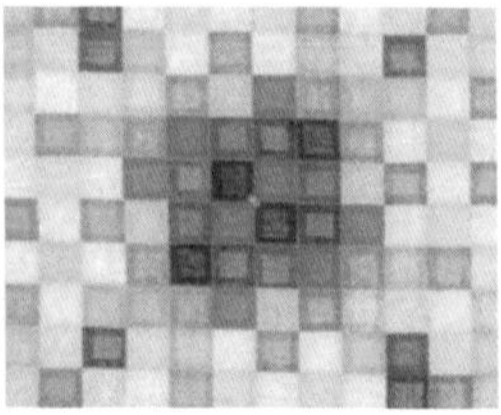

그림 2

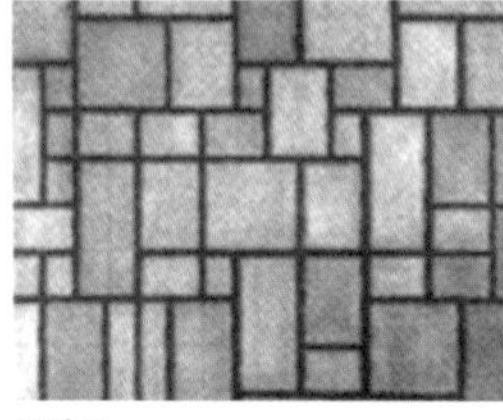

그림 3

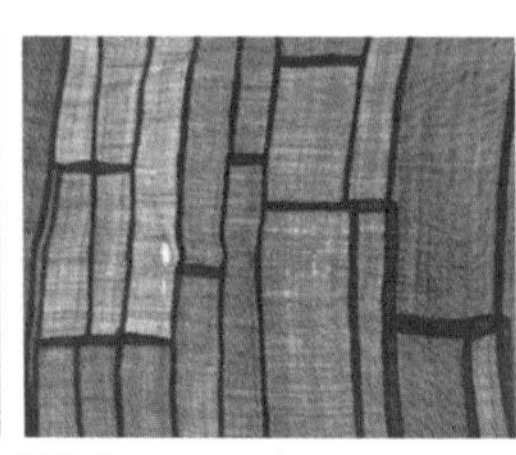

그림 4

몬드리안의 〈체커보드 구성Composition Checkerboard, dark colours〉그림 1과 조선시대 조각보그림 2, 그리고 〈회색의 구성Composition in Gray〉그림 3과 조각보그림 4는 그 구성과 색채 사용에 있어 매우 유사한데, 특히 조각보에서 조각이 연결되는 선을 일정한 굵기의 테두리로 마무리하여 면 분할을 선명하게 한 것과 몬드리안의 회화에서 면과 면이 연결되는 부분을 같은 방법으로 검정 테두리로 처리한 것이 매우 유사하다.[3]

조각보와 몬드리안의 추상화는 색채 사용에도 놀라운 공통점을 보인다. 몬드리안이 지속적으로 추구한 색채 철학인 빨강, 파랑, 노랑, 흰색, 검정, 회색은 조선의 조각보에 나타나는 오방색인 적색, 청색, 황색, 백색, 흑색에 그대로 적용된다.

수 세기의 시간을 두고 출현한 한국의 조각보와 몬드리안의 추상미술의 유사성에 대하여 많은 사람이 신기해한다. 이는 고대 한국과 20세기 서양 우주관의 접점에서 비롯된 표현성의 일치이다.

로 흰색 옷을 즐겨 입었고 음양오행의 원색에 주술적인 목적과 의미를 담아 상징성을 부여했다. 조각보는 이런 우주 인식론인 음양오행의 오방색을 기본으로 한다.

현대 추상미술은 눈에 보이는 자연이나 사물을 묘사의 대상으로 삼지 않는 20세기 이후의 미술 양식을 말한다. 몬드리안은 자연 그대로의 재현을 거부하고 수직, 수평의 비대칭적 연결과 절제된 선이 만들어내는 엄격한 구성으로 추상 세계를 표현했다. 이는 조선 규방 여인들의 순수한 한韓문화적 감성을 담은 조각보와 놀랍도록 유사하다. 몬드리안은 사물의 본질에 몰입, 자연을 최소 단위로 분해하고 기하학 형태로 변환하여 이를 반복적으로 구성했다. 그는 회화에서 자연적인 개념에서 벗어나 공간을 평면적 도형으로 재구성했다. 몬드리안의 사각형은 공간(배경)과 도형(형태)을 분리하지 않고 같은 비중으로 처리한 점에서 한문화의 바시미 원리와 통하고 이는 곧 프랙털이기도 하다.

'하나', '여럿'을 동시에 포괄하여 전체 속 작은 구조가 전체와 비슷한 형태로 되풀이 되는 바시미 원리는 프랙털과 똑같은 개념이다. 그래서 한국의 조각보와 서양의 몬드리안의 추상예술은 닮아있다. 추상회화, 바시미, 프랙털… 모두 시대가 쓰는 하나의 용어일 뿐 이미 규방 문화에 담긴 한국 여인들이 정신이고, 생활이었다.

조각보 패턴

조각보는 앞서 이야기했듯이 우주적 인식론인 음양의 이원론적

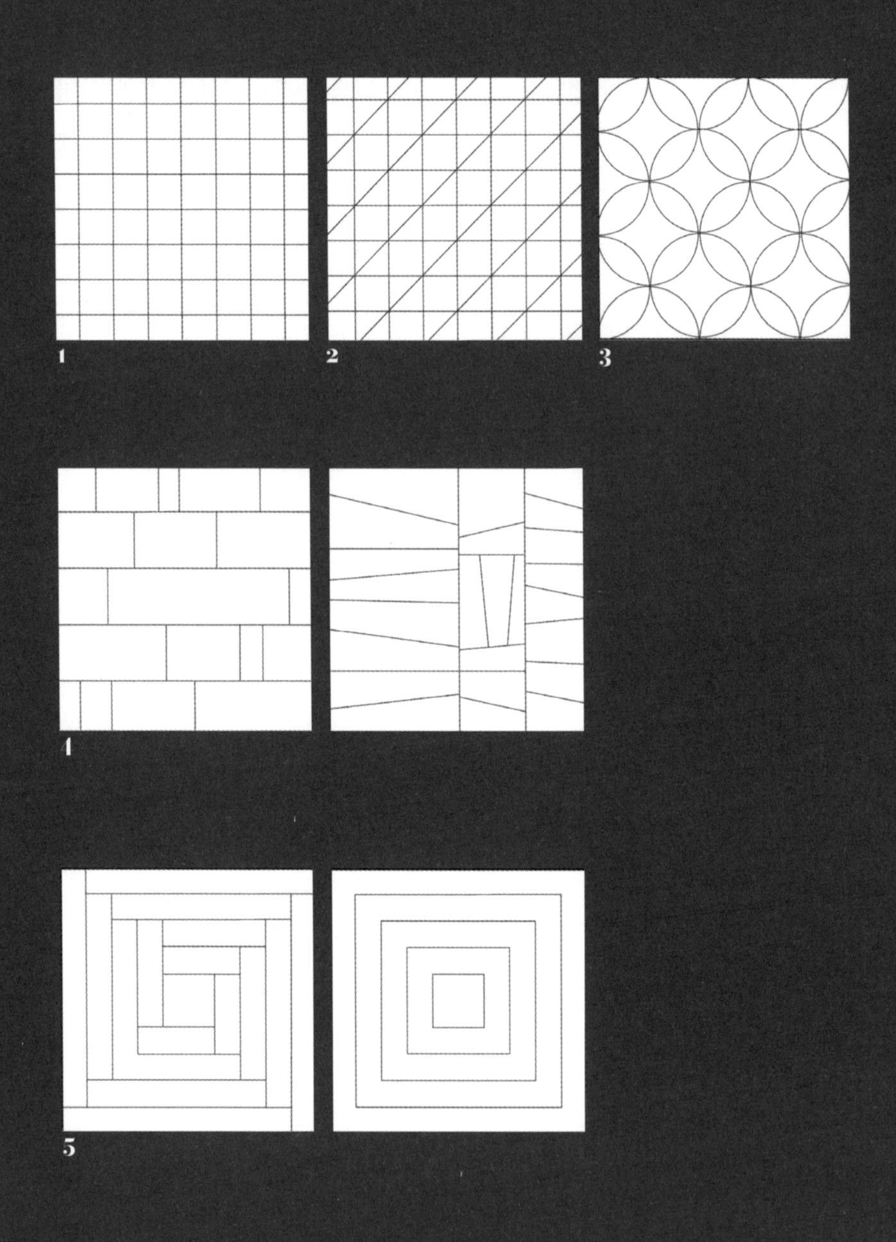

1 정방형 2 삼각형 조합_사선형 3 원형_여의주문형 4 불규칙 사각 조합_수직수평자유
5 방사형_바람개비형

사유와 한국 전통 사상 천지인에 기초한 원(하늘), 방(땅), 각(사람)에 그 근원을 두고 있다. 조각보는 형태 구성에서 사각형, 원형, 삼각형의 기하학적 패턴의 반복과 선, 면, 색의 상호보완으로 현대예술 작품에 비견될 만하다. 작은 조각들이 모여 조화를 이룬, 실용성과 함께 뛰어난 색감을 가진 예술품이다.

수 세기 전 이미 우주의 생성과 소멸의 끊임없는 순환성을 인식했던 고대 한국의 우주론적 미감은 20세기 이후 카오스 세계관으로 전환된 서양의 과학과 예술을 통해 그 세계성이 입증되고 있는 것이다.

전통 조각보는 독특한 패턴을 이루는데 주로 곡선보다는 직선과 사선의 조합으로 기하학적 추상의 특징을 지닌다. 조선시대 출토된 조각보 디자인을 보면 조각천들의 연결 패턴이 어느 정도의 규칙성을 보인다. 크게 사각형의 조합으로 이루어진 정방형, 삼각형과 사각형의 조합으로 이루어진 사선형, 불규칙한 수직선과 수평선의 조합, 방사형, 바람개비형, 여의주문형 등으로 나뉜다.

1) 정방형(ㅁ-地)

정방형은 조각천 하나의 모양이 정사각형을 이루고 이 정사각형이 반복되어 다시 큰 정사각형 모양이 된다. 정사각형이 질서정연하게 배치된 패턴으로 전통 조각보에서 흔히 볼 수 있다. 정방형은 구성 단위의 반복으로 부분과 전체가 같은 자기유사성을 볼 수 있으며 가장 안정적인 형태로 균형감이 살아있고 조화로운 배색을 특징으로 한다.

2) 삼각형의 조합(△-人)

하나의 조각천이 삼각의 모양을 하고 있고 이 삼각형이 계속 반복되는 형태로 정방형과 패턴이 비슷하다. 하나의 정사각형이 두 개의 삼각형으로 나뉘어 있거나 크기가 다른 삼각형이 조합되어 팔각형을 이루기도 하는데 전체적으로 보면 사선형이다. 정방형이 균형감과 안정감을 준다면 삼각형의 조합은 사선에서 오는 운동감과 역동성을 느끼게 하며 색상 배합에 따라 간결한 느낌을 주기도 한다.

3) 원형 (○-天)

원형은 무작위적으로 느껴질 만큼 단순한 패턴 구성이지만 일정한 크기의 원이 똑같이 겹친 부분을 네 군데 만들어 특별하게 문형을 디자인한 듯한 형태이다. 그 결과 조각보 전체에 네 개의 꽃잎이 달린 것처럼 보이기도 하고 여의주가 겹쳐져 나열된 것처럼 보이기도 한다. 겹치는 부분에는 매듭 장식을 달기도 하여 장식성을 가미하였다. 이 조각보는 그 구성미가 독특하고 화려해 일반 서민 여성이 만들었다는 사실을 믿기 힘들 만큼 수준 높은 패턴 구성을 보여준다.

4) 불규칙한 사각형의 조합

전통 조각보에서 가장 흔히 볼 수 있는 형태로 수직선과 수평선

1 팔각목판보_삼각형 조합　2 여의주문보_원형　3 조각보_방사형
4 조각보_정방형　5 옷보_사선형　6 조각보_불규칙 사각

이 자유롭게 반복된다. 옷을 만들고 남은 천의 크기가 일정하지 않으므로 불규칙한 사각형의 조합이 이루어진다. 수평선과 수직선의 간격이 크고 작게 나뉘어 반복적으로 배열되면서도 자유롭고 다채로운 느낌을 준다. 하나의 중심점이 없으며 추상적이다. 일정한 형태 없이 조각의 크기에 따라 자유롭게 붙여 조각보를 만들기도 하는데, 일정한 형태가 없다 보니 패턴에도 규칙성이 없다. 조각천의 크기와 색을 자유로이 배합한 형태는 정방형이나 삼각형 조합의 조각보와 달리 계산되지 않은 균형감을 주어 자연스러운 아름다움을 느끼게 한다. 우리 선조들의 독특한 구성미와 절제된 아름다움을 담고 있다.

5) 방사형

다섯 번째는 방사형으로 사각으로 이루어진 조각보의 중앙에 작은 사각형이 있고 이 사각형을 중심으로 동심원이 퍼져 나가듯 점차 확대되어 방사형을 이루는 형태이다. 바람개비 모양처럼 비대칭으로 퍼지기도 하고 같은 형태의 사각형이 크기만 커지면서 반복되는 방사형으로 퍼져가기도 한다.

전체적인 느낌은 균형과 안정감을 주며 동시에 조각천을 바람개비가 날듯 배치하여 일정한 방향으로 돌아가는 듯한 운동감, 역동성도 느끼게 한다. 다양한 변화를 주었으나 단순하고 제작이 쉬워 보편적인 형태이다.

이같이 조각보는 주로 수평선과 수직선의 조합, 원형의 곡선을 통해 만들어지며 기하학적 추상의 독특한 패턴을 보여준다. 또 천지인을 담고 있는 사각형, 삼각형, 원형의 구성미와 여기에 더해 다양한 색상에서 오는 감각미가 어우러져 독특한 아름다움을 만들어낸다. 각각의 조각천의 절묘한 연결이 만들어내는 불균형한 조형미는 바로 현대 추상미술 그 자체이다.

매듭과 우주

신임세조대(부분) | 김혜순

외줄노리개(부분) | 노미자 | 서울특별시무형문화재 제13호 매듭장

밀화, 수, 청옥향갑 외줄노리개(부분) | 김혜순 | 국가무형문화재 제22호 매듭장

매듭이란 끈목(다회多繪)을 사용하여 비틀어 돌려 엮어 꼬는 다양한 기법으로 만들어진 형태를 말한다. 조선시대에는 매듭이 실생활에 쓰이지 않는 곳이 없을 만큼 그 용도가 많았다.

생활용 매듭은 수저집, 안경집, 버선본집, 방장걸이, 붓주머니, 약주머니, 침통, 붓걸이, 쌈지주머니, 혼례용 술병, 수시계집, 우편낭, 수본집 등이 있다. 이에는 주로 도래매듭, 가락지매듭, 생쪽매듭 등 쉽게 맺을 수 있는 기본적인 매듭이 많이 사용되었고 그 외에 장구매듭, 국화매듭, 병아리매듭 등 기술을 필요로 하는 매듭도 사용되었다.[4]

의류용 매듭은 주로 의복의 매듭단추, 허리띠 등과 주머니, 쓰개류에 많이 쓰였다. 매듭단추에는 연봉매듭이 가장 많고 생쪽매듭, 가락지매듭, 국화매듭 등도 보인다.

주머니류에도 매듭이 많이 사용되었다. 한복에는 주머니가 붙어 있지 않기 때문에 몸에 차고 다니는 주머니류가 발달하였다. 주머니에는 화려한 자수와 함께 숙련된 기술이 필요한 다양한 매듭이 사용되어 호사스러움을 더해주었다.

매듭은 의례용, 장식용으로 구분되는데, 의례용 매듭은 주로 불교의식이나 상례喪禮에 쓰이는 도구, 법회 때 사용되는 가마인 연輦, 깃발인 인로왕번引路王幡 등에 사용되었다. 장식용 매듭은 몸치장에 쓰이는 여러 가지 공예품으로 주로 여성들이 사용했고, 특히 한복의 아름다움을 더해주는 장신구로 쓰였다.

매듭 구성

전통매듭은 끈목, 매듭, 술로 구성되어 있다. 끈목에는 주로 견사를 많이 사용하였다. 끈목은 가닥 수에 따라 6종으로 구분하며, 술은 8종이 전해 내려온다. 36여종에 이르는 다양한 매듭 방식은 궁중과 민간, 그리고 지역에 따라 명칭의 차이가 있다. 매듭을 엮는 방법은 한 올의 끈목을 곱접어 중심을 잡고 두 가닥의 끈을 순서대로 엮는다. 완성된 매듭은 대체로 앞면과 뒷면이 같고 왼편과 오른편이 대칭을 이루며 수직으로 연속된다.

매듭은 점과 선이 만나서 하나의 방향으로 연결되어 다양한 면을 만들며 다양한 기하학적 형태로 표현된다. 이 형태들은 대체로 원형, 사각형, 삼각형으로 분류할 수 있다.

우주를 '하늘, 땅, 사람'으로 보고 이를 다시 더는 분해할 수 없는 대자연의 기본 단위인 원, 방, 각으로 상징화하여 한국 전통매듭에 담아낸 것이다. 또 매듭을 엮는 방식은 뫼비우스의 띠와 같이 긴 원형의 끈목을 180도 돌려가며 반복적으로 얽으면서 다양한 형태를 만든다. 그 만들어가는 방식은 비틀어 돌려 감아 매는 양태-두르기rolling, 꼬기twisting, 묶기fastening로 설명될 수 있다.[5]

이는 우주 대자연에 존재하는 모든 만물은 음과 양의 역학으로 생성되어 끊임없이 순환한다는 '태극'의 원리가 매듭 안에 담겨 있음을 말해준다. 실을 비벼 꼬아 합사하여 끈목을 짜고 매듭을 엮는 과정은 우주 공간의 기의 순환성을 나타낸 '비틀어 돌려 감아 매는 띠' 문화 개념을 그대로 보여준다.[6]

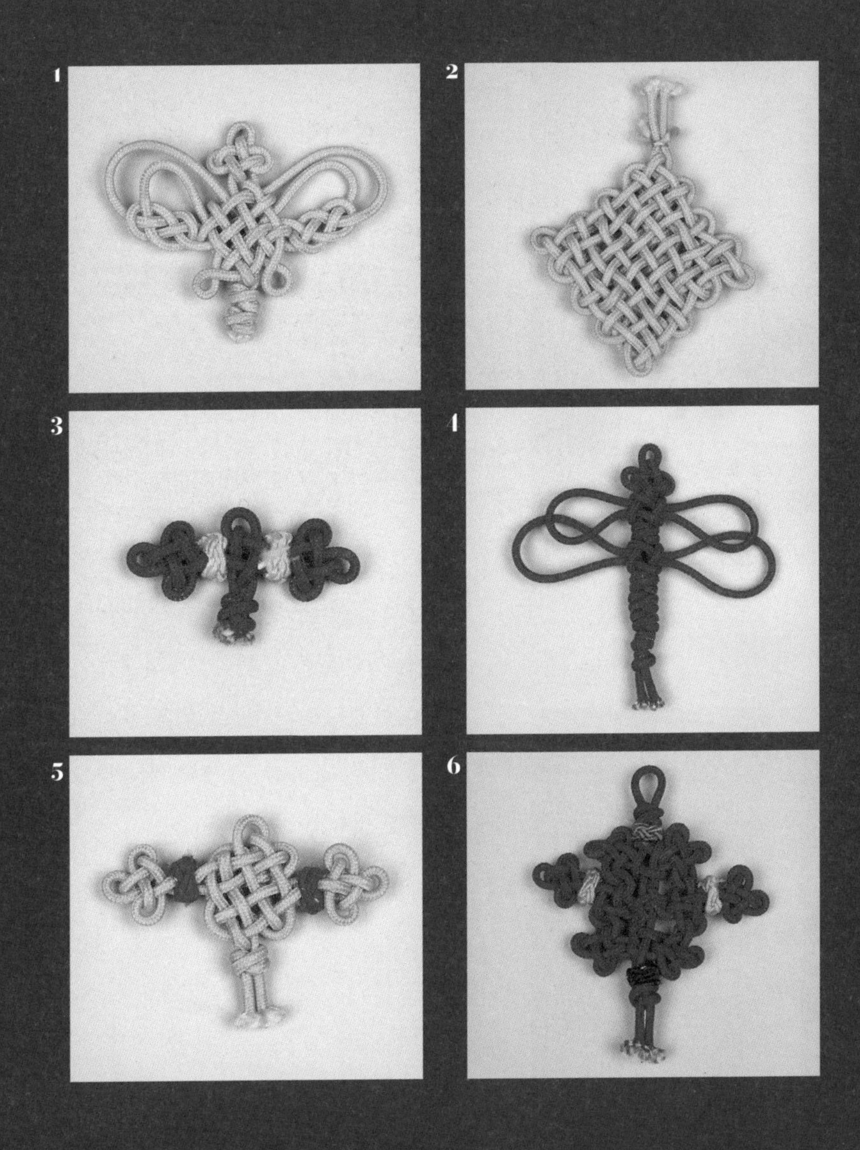

1 나비매듭　2 네벌감개매듭　3 삼정자매듭　4 잠자리매듭
5 병아리매듭　6 십일고매듭

1 도래매듭 2 매화매듭

1) 원(○)

고대부터 철학자들에게 점은 숫자 1一을 상징했다. 점은 원으로 확장된다. 원은 모든 형태의 원천으로 기하학 패턴의 시작이다. 우리나라에서 원형은 천원天圓, 하늘이 둥글다의 상징이다. 하늘을 원형의 순환성으로 풀이하였다. 원의 형태는 전통매듭의 기본으로 완성된 최종 형태로도 가장 많이 사용된다. 그래서 매듭에 쓰이는 끈목은 원圓다회 또는 동다회라고도 한다. 도래매듭이나 매화매듭, 가지방석 매듭, 가락지매듭, 파리매듭 등 다양한 매듭에서 원형을 찾아볼 수 있다.

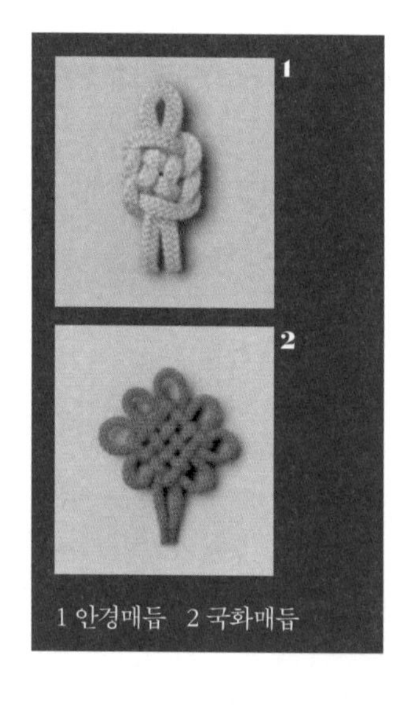
1 안경매듭 2 국화매듭

2) 방(□)

다수의 매듭에서 중심은 우물정井자로 이루어져 있어 완성된 매듭의 전체 모양이 사각의 형태를 이룬다. 사각형은 땅을 상징하며 숫자 2二를 의미한다. 방형을 이루는 대표적인 매듭은 국화매듭, 안경매듭이다. 또한 국화매듭과 생쪽매듭의 응용 매듭에서도 이런 사각 형태를 자연스럽게 볼 수 있다. 파리매듭, 귀도래매듭, 사색판매듭, 석씨매듭 등에서도 방형을 볼 수 있다.

3) 각(△)

1 생쪽매듭 2 귀도래매듭

삼각형은 천지인으로 나누어지는 삼재三才 중 사람人을 상징한다. 사람을 상징하는 숫자 3三은 매듭에서도 중요한 의미를 갖는다. 일반적으로 생명체는 세 부분으로 이루어진 구조를 가지고 있으며 사람 역시 머리-몸통-다리로 이루어져 있다. 매듭에서도 세 개 미만의 교차점으로는 매듭을 지을 수 없으며 숫자 3은 전체를 완성하는 데 필요한 최소한의 수이다.

매듭에서 생쪽매듭이나 생쪽매듭의 응용인 삼정자매듭, 장구매듭, 벌매듭, 병아리매듭과 혼백매듭, 귀도래매듭, 암(수)나비매듭 등 많은 매듭에서 삼각형의 형상을 볼 수 있다.

주머니와 천지인

원수문 두루주머니(부분) | 국립고궁박물관

두루주머니 | 김혜순 | 국가무형문화재 제22호 매듭장

귀주머니 1쌍 | 노미자 | 서울특별시무형문화재 제13호 매듭장

예로부터 한복에는 따로 주머니가 없어 별도의 주머니를 만들어 남자는 허리춤에, 여자는 속치마 끈에 매달아 필요한 것들을 넣어 다녔다. 수명장수, 부귀영화에 대한 염원을 문양으로 수놓아 일종의 부적처럼 항상 몸에 지니고 다녔다.

『삼국유사』 경덕왕 대에 "왕이 돌날부터 왕위에 오를 때까지 항상 부녀의 짓을 하여 금낭錦囊 차기를 좋아하였다."라는 기록이 있어 신라 여인들이 주머니를 자주 옷에 달아 사용했음을 알 수 있다. 『고려도경高麗圖經』 부인조에도 고려의 귀부인들은 허리띠에 금방울과 금향낭을 차고 이를 아주 귀히 여겼다고 기록하고 있다. 이 같은 기록들로 미루어 주머니는 고대시대부터 우리 선조들이 사용해왔음을 알 수 있다.

조선시대 필수 소장용 주머니인 두루주머니, 귀주머니 외에도 혼수품 제1호라 할 수 있는 수저집이나 붓을 넣어 보관하는 필낭, 그리고 지금의 향수처럼 쓰인 노리개 모양의 향낭, 바늘을 넣어 보관하는 침낭 등이 실용적인 목적과 함께 장식용으로 애용되었다.

주머니는 신분과 성별에 따라 모양이나 장식에 차이가 있다. 일반 서민들은 주머니 입을 세 번 접고 궁중용은 무려 아홉 번이나 접어 만들어 그 위용을 과시했다. 형태도 남성용은 단순한 사각 모양의 직선적인 것이 많고 여성용은 원형의 부드러운 곡선 형태가 일반적이다.

조선시대 물품기록 관문서인 발기를 보면 주머니 명칭은 십장생 줌치, 봉자낭 등 아주 다양하다. 왕은 용문양을 수놓은 황룡자낭, 왕비·공주·옹주는 봉황문을 수놓은 봉자낭을 사용했다. 기타 지배 계층들은 금박을 입혀 신분의 권위를 드러냈다.

일상 애장품인 주머니에도 우주를 담은 한국인의 정신세계가 그대로 스며들어 있다.

고대시대 우리 조상들에게 하늘, 땅, 사람 모두가 자연이자 바로 우주였다. 우주는 하늘, 땅, 사람의 기하학적 도형인 원·방·각으로 상징화되어 한국문화 전반에 흐르고 있다. 적·청·황·흑·백의 오색비단으로 만든 오방낭 역시 자연의 이치인 음양오행론으로 빚어낸 주머니이다. 여기에 부귀장수를 기원하는 십장생 문양을 수놓았다. 또 주머니를 여닫는 역할의 끈은 주로 8사, 16사 등의 원다회를 사용했는데, 남자는 쪽·진보라·고동색을, 여자는 다홍·쪽·자주색 등을 주머니 바탕색에 맞춰 꿰어 사용하였다.[7]

주머니 형태와 봉제법

주머니는 종류가 매우 많고 다양하다. 그 형태는 원(○), 방(□), 각(△)에 기초한다.

1) 귀주머니

남자들이 주로 사용하는 귀주머니(줌치)는 사각형과 삼각형의 조합으로 이루어져 있다. 주머니 입 쪽 위 절반을 네모지게 두 번 접고 아래 양쪽으로 삼각형의 귀가 나오게 접은 모양이다. 주머니 입에는 매듭끈을 꿰어 원의 순환성을 보여준다.

2) 두루주머니

여자들이 주로 사용하는 일반적인 주머니로 복주머니와 유사한 모양이다. 입은 잔주름을 잡아 양편에서 서로 엇갈리게 매듭끈을 꿰어 잡아당기면 입이 오므라져 아래가 둥근 모양이 된다. 주로 도래매듭, 국화매듭, 나비매듭 등을 엮어 늘어뜨린다.

강원도 지방에는 주머니 입 부분은 귀주머니처럼 사각형으로 접고 아랫부분은 두루주머니 모양으로 둥글게 만든 것도 있다.

3) 어깨주머니

두루주머니와 비슷한 모양이나 주머니 입의 주름 여분이 적어 귀주머니처럼 종이접기 형식으로 접는다. 주머니 중심부에 구멍을 2개 뚫고 뒤쪽에서 앞으로 끈을 꿰어 매듭을 엮는다.

4) 향낭

조선시대 여성들에게 향낭(향주머니)은 일종의 향수 같은 것으로 원·방·각의 다양한 형태에 매우 귀족적이고 호사로웠다. 옷 안에는 갑사향낭을 차고 자수로 장식한 수향낭은 옷 밖에 장식용으로 달았다. 줄향, 비취발향을 장신구로 많이 애용했는데 향은 주로 사향을 많이 사용하였다. 줄향은 궁궐 상궁들이 흑·백·녹·황의 4가지 색으로 실에 꿰어 염주 모양으로 만들어 치마 속에 찼다고 한다.[8]

5) 수저집

수繡수저집은 혼수 품목으로 신부가 직접 만들고 수를 놓아 마련했다. 직사각형으로 다홍색 양단, 공단, 모본단에 꽃, 새, 십장생을 수놓고 빳빳하게 탄력을 유지하도록 안쪽에는 여러 겹의 옥양목을 붙이고 백지를 배접하여 안에 대었다. 수저집 주머니 입에는 상침을 하고 매듭을 엮어 술을 달아 장식했다.

6) 황낭

혼례 시에 노란색으로 주머니를 만들어 자주색 매듭끈을 꿰고 주머니 속에는 팥알 9개, 씨가 있는 목화 한 송이를 넣는 풍습이 있는데 이는 아들 아홉에 딸은 하나만 두라는 의미를 담고 있다. 장가가는 신랑들이 옷 속에 차고 갔다는 풍습이 전해진다.[9]

7) 필낭

붓 등 필기류를 보관하는 주머니로 직사각형이나 그 재단법과 구성이 매우 특이하다. 직사각형으로 재단된 긴 띠 모양의 옷감을 대각선 방향으로 45° 어슷하게 돌려 감는 방식으로 몸통을 만든 후 하단을 접어 올려 밑면을 만들고 상단을 삼각형으로 접어 뚜껑을 만든 모습이다. 모든 연결 침선법은 사뜨기로 마무리하여 중심에 매듭과 술로 장식하였다.

이와 같은 재단법은 돈이나 물건을 담는 '자루'로 알려진 한국 전통 가방인 전대纏帶 만드는 방식과 유사하다. 전대 역시 무명 혹

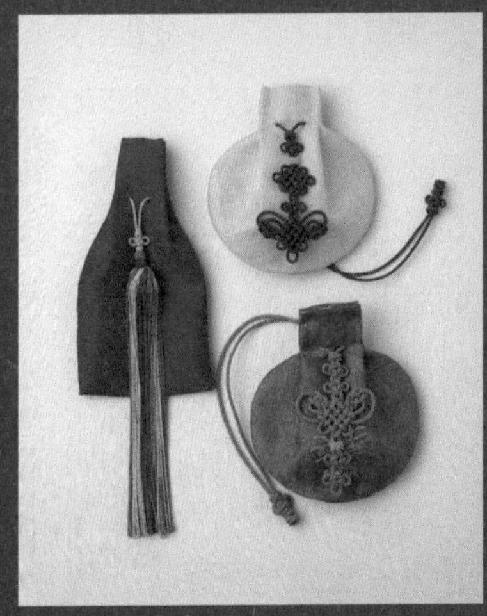

1

2

3

1 향낭 | 김혜순 2 필낭 | 김혜순
3 붓주머니와 약주머니(46회 대한민국전승공예대전 장려상) | 이영란

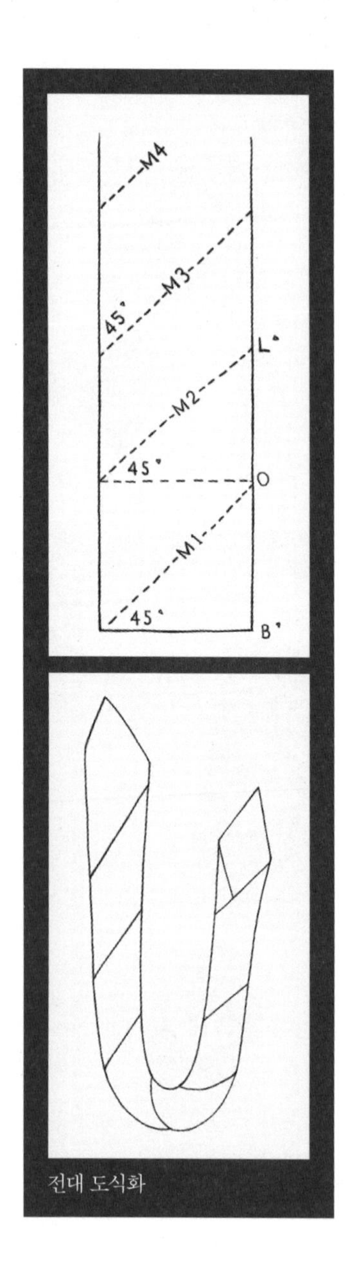

전대 도식화

은 베로 기다란 직사각형의 띠를 만들어 45° 각도의 사선으로 돌려 감고 이어 기다란 자루를 만든다. 가운데는 막혀 있고 양 끝이 열려 있어 여기에 돈이나 물건을 담아 허리에 차거나 어깨에 메고 다닌다.

한국 복식 공예는 띠의 문화이다. 필낭, 전대의 재단과 봉제법에는 우주를 품고 있는 한국 선조들의 천지인과 태극의 세계가 그대로 잘 나타나 있다. 땅을 상징하는 방형(□)의 띠를 45° 사선으로 돌려 감아 사람을 상징하는 각형(△)이 생성되고 이를 두르거나 메어 원(○)의 순환성을 구현한다. 대자연 우주의 순환성을 품은 '한'의 정신세계가 고스란히 담겨 있다.

8) 약낭

구급약, 환약 등 약을 넣어

다니는 작은 주머니 약낭 역시 몸통은 방형, 끝부분은 각형이고 펼치면 전체가 오각형으로 되어있다.

이 외에도 안경을 넣는 안경집, 부싯돌을 넣은 부시쌈지, 담배쌈지 등 수많은 다양한 주머니들이 있다. 모두 원·방·각의 변이를 이루며 두르기rolling, 꼬기twisting, 묶기fastening 방식이다. 형태는 기본적으로 천지인의 원·방·각형에 기초하여 여기에 긴 매듭끈 혹은 직사각의 기다란 끈으로 공간을 가변적으로 조절할 수 있도록 만들어 기의 흐름과 태극의 순환성을 표상화했음을 알 수 있다.

주머니 역시 서양의 제한된 절대공간에 물건을 담는 핸드백과 달리 공간 크기를 조절할 수 있는 가변의 공간이다. 다시 말해 '천'의 원형, '지'의 사각형을 기본으로 '인'을 상징하는 삼각형을 더하고 주머니 입에는 매듭이나 끈을 달아 늘이고 줄이는 가변의 공간을 만들어낸다. 비가시적인 '기'로 가득한 우주의 공간에는 고정된 실체가 없다고 생각한 한국인의 마음은 주머니를 만드는 공법에도 그 가변적인 특성을 담아냈다.

四

한복본색

〔 한복본색 〕

한국의 숭고한 어머니들… 그녀들의 삶의 역사는 남성 중심 봉건 사회에서 여자라는 이름으로 이어온 기나긴 수난사였다. 지금의 인권이나 성평등과는 너무나 거리가 먼 시대, 그녀들은 사회와 단절된 그들만의 공간에서 인고의 시간을 이겨내며 자신들의 마음을 한복과 공예품에 담았다. 인내와 절제의 시간을 이어오며 쌓아온 삶의 지혜와 철학, 세계에 대한 인식과 과학을 담아 현대적인 한국의 예술, 한韓문화를 꽃피웠다. 그녀들의 삶이 빚어낸 작품들은 단지 기능적인 공예가 아니라 현대 미학, 과학과 맞닿아 있는 예지叡智의 세계이다.

세계와 우주를 바라보는 다른 관점은 동서양의 서로 다른 문화를 낳았다. 이 가운데 우리가 입어온 옷, 한복은 한국인이 바라본 우주의 관념 세계를 가장 대표적으로 형상화한 시각적 표상이다. 이는 한문화의 본질이자 과학적인 세계관이다.

『삼국유사』에는 매년 봄가을로 열흘씩 선남선녀들을 모아 점찰법회占察法會를 열어 옷 마름질법을 깊이 연구했다는 내용이 있다. 이 법회를 이끄는 선도성모仙桃聖母는 기도로 하늘의 '군령'들과 교감하여 터득한 직조법으로 붉은 비단을 짜서 남편에게 바쳤다는 기록이 있다.[1] 이를 보면 고대로부터 우리 옷은 우주의 이치를 통찰하고 이를 논리적으로 해석하여 그 원리에 기반하여 만들어왔음을 짐작할 수 있다. 이렇듯 한국의 조상들은 예로부터 자연의 삼라만상은 모두 하늘의 뜻에서 비롯되었고 그 뜻이 전달되어 만물의 존재와 현상이 이루어졌다고 보았다. 우리 문화의 중심에는 하늘이 있다.

오늘날 한복은 명절이나 특별한 날 입는 옷으로 사람들의 관심에서 멀어진 전통문화 유산이 되었다. 그런 한복을 말하는데 무슨 우주냐? 다소 생소한 이야기에 어떤 사람은 관심을 가질 수도, 또 어떤 사람은 이렇게까지 알아야 하나 싶어 책을 덮어버릴 수도 있다.

그러나 지나간 시간 속에서 규방의 여인들이 어떠한 정신세계로 한복과 규방 공예품을 지었는가를 더듬어보는 것은 오늘 우리에게 새로운 세계를 여행하는 즐거움이 될 수도, 또 새로운 영감과 창조적 아이디어를 만나는 기회가 될 수도 있다.

문화의 바탕에는 문화를 만들어낸 사람들의 정신이 존재한다. 5천 년 역사를 이어온 한국의 정신은 '한문화'를 만들어내었고 그 가운데 한복은 이를 대표하는 상징이다.

마름질

천지인

우주의 이치를 설파하는 성리학에서 배제된 규방 여인들이 우주에 대한 사유적 정신세계를 한복에 담아냈음은 실로 놀랍다. 이는 역사 속에서 이어져 온 한국문화의 본질이 무엇인가를 알 수 있는 중요한 단서이기도 하다.

본시 한복 마름질은 서양 옷처럼 작위적으로 패턴을 만들지 않는다. 인간의 몸통, 팔길이 등을 기준한 다양한 크기의 사각형을 단위로 큰 사각형의 천을 접어가면서 옷을 만든다. 앞길, 뒷길은 몸통과 비슷한 크기의 직사각형, 소매는 관절 마디를 기준한 직사각형으로 접어 마름질하였다. 그래서 오늘날 한복 패턴 도해를 보면 다양한 크기의 사각형 또는 삼각형이 사각 옷감 전체를 꽉 채우고 있는 걸 볼 수 있다.

그렇다면 한복 패턴 구조는 왜 이렇게 모두 기하학으로 이루어졌는가? 그리고 이것이 한복 문화의 저변에 자리 잡은 한국의 마음과 어떤 근원적 상관성이 있는가? 문화란 그것을 만든 사람들의 마음이 구현된 결과물이다. 여기서 마음이란 세상과 우주에 대한 인식체계이자 관념 철학이다. 한복에 담긴 한국인의 마음은 우주와 깊은 연관이 있다.

한국인들은 대자연 우주를 하늘, 땅, 사람의 천지인과 태극의 세계로 이해하여 이를 한문화에 담았다. 겉으로 보이는 외적 세계보다 보이지 않는 내적 세계, 즉 정신을 중시한다. 우주 만물이 지닌 생명감과 '기氣'를 중시하는 동양철학에서 비롯된 것으로 한국인들은 사유할 수 있는 공간감에 큰 의미를 두었고, 이는 한문화의 저변에 깔려 있다. 기의 공간감은 우주에 대한 한국인의 마음의 출발점이라 할 수 있다.

우주는 최초에 암흑의 혼돈에서 차츰차츰 기의 작용으로 탄생되었다. 이 가운데 맑은 기는 하늘이 되고 탁한 기는 엉겨서 땅이 되었다.[2] 우주의 기에 의해 자연의 기본 물질인 오행五行(목木, 화火, 토土, 금金, 수水)이 생기면서 하늘과 땅은 음양의 근본이 되었고, 사람과 함께 자연의 본체를 이루는 천天, 지地, 인人의 삼재三才를 이루게 되었다. 삼재란 세 가지 우주의 근본을 말하는 것으로 하늘도 우주, 사람도 우주, 땅도 우주라는 이치를 말한다.

이렇듯 우주를 구성하는 요소는 하늘과 땅이며 그 사이에 사람이 있다. 한국의 선조들은 자연의 모든 사물은 하늘의 뜻이 전달되어 존재한다고 생각했다. 한국의 고대 경전 『천부경』은 하늘 땅 사람, 천지인 삼극을 중심으로 인간이 태어나고 자라며 늙고 병들어 죽는 과정을 숫자로 풀어가며 설명하고 있다.

'천天(하늘)'은 숫자 '1'로 우주 만물은 시작점이 어디든 결국 제자리로 되돌아온다는 일점(•) 원리를 상징한다. 이는 수數의 시작이자 우주의 근원이며 환環으로서 원圓(○)을 의미한다. 여기서 둥글다는 것은 인간의 오관으로는 감지할 수 없는, 없는 듯 있고 있는 듯 없는, 그 경계가 없는 무한성을 띤다. 다시 말해 하늘의 상징인 원은 경계도, 시작과 끝도 없이 돌고 도는 무한의 순환성을 말한다.

'지地(땅)'는 숫자 '2'에 해당하고 이점(••) 원리를 의미한다. 여기에서 두 점, 즉 점과 점이 연결되면 선이 된다. 선과 선의 집합은 방형(ㅁ)으로 방위를 나타내며 우주적 공간, 모든 생명을 탄생시킬 우주적 장場이다. 다시 말해 두 점을 잇는 직선은 점의 집합으로 유한성을 갖으며, 모든 생명을 탄생시키는 유한 공간이다. 따라서 땅은 사각형으로 형상화된다.

'인人(사람)'은 숫자 '3'에 해당, 삼점(•••)의 원리에 따라 삼각형으로 나타내고 생명체를 의미한다. 사람은 선천先天의 하늘에서 비롯되어 후천後天의 인간 형체로 태어난 유한한 존재로 하늘과 땅을 이어주는 의미다. 하늘, 땅, 사람을 상징하는 원(○), 방(ㅁ), 각(△) 형상은 한복을 비롯해 한국 생활문화 속에 그대로 형상화되었다. 현대 디자인의 기초 단위인 점, 선, 면의 이치가 바로 이런 한문화의 관념 철학인 것이다. 한국의 마음이 우주를 얼마나 과학적이고 정신적으로 받아들였는지는 이 『천부경』의 천지인 해설로 알 수 있다.[3]

이렇듯 한국의 마음은 이 우주를 하늘, 땅, 사람의 '천지인'과 '태극'의 세계로 이해하였다. 그리고 우주의 순환하는 공간을 사유하여 이를 한복에 담았다. 우주 공간의 비틀려 휘어 돌아가는 기의 순

천(天)	지(地)	인(人)
하늘, 우주	땅	사람
원○	방□	각△
•	••	•••
순환성, 무한성	선과 선의 집합	생명체

환적 특성을 담은 태극의 세계는 한복의 제작 방식과 입는 방식에서 집중적으로 드러나고 천지인의 원(○), 방(□), 각(△) 특징은 한복의 패턴 구조에 그대로 담겨 있다. 이 원·방·각은 한옥, 가구 등을 포함한 모든 한문화의 조형과 구조의 기본을 이룬다. 20세기 초 회화, 건축, 공예, 조각의 조형을 더는 분해할 수 없는 기하학적 기초 단위로 표현해 현대예술의 흐름을 바꾼 큐비즘의 언어도 바로 원, 방, 각 아닌가? 큐비즘의 조형 원리 또한 한문화의 구조와 맞닿아 있다.

한복에서 우리의 관심을 끄는 것은 사각형 구조이다. 한복의 저고리, 치마, 바지, 두루마기, 전대, 자루 모두가 궁극적으로는 사각의 천을 바탕으로 작은 사각형의 옷꼴과 삼각형의 세부 형태로 마름질된다.

한복 마름질

옷을 만드는 옷감은 사각형이 기본으로 이는 동서양 모두 똑같다. 한복의 구조를 구성하는 각각의 패턴 단위를 꼴, 또는 도형이라 부르기도 하는데 순수한 우리말로는 옷꼴, 또는 옷본이라고도 하며 이는 서양복의 패턴과 동일한 개념이다.

한복에서는 옷꼴을 만드는 일을 마름질이라 한다. 치수에 맞게 재거나 자르는 일의 우리말 표현이다. 한국은 예로부터 옷을 지을 때 옷감 자체를 접어가며 마름질했다. 이후 종이를 접어 옷본을 만들어 마름질에 본보기로 사용하였다. 오늘날의 종이 패턴인 셈이다. 시집간 딸이 옷을 지을 때 본보기로 사용하거나 옷감이 없는 가난한 집에서는 옷본을 종이로 접어 혼수에 끼워 넣기도 했다고 한다.[4] 조선 시대에는 옷 마르기 좋은 날과 꺼리는 날을 따로 정할 정도로 마름질은 자연의 이치와 연관되어 있고 한복 구성에서도 가장 근본적이고 상징적인 의미가 있다.

한복 마름질은 몸통, 팔길이를 기준한 직사각형을 기본 단위로 패턴을 구성하고 저고리 겨드랑이 밑의 곁마기, 삼각 당과 같은 삼각형 옷꼴이 조화되어 전체 옷감의 사각 평면을 가득 채우게 된다. 착장 방법 역시 긴 직사각 끈으로 몸을 둘러 감싸는 두르기rolling, 꼬기twisting, 묶기fastening의 순서로 구성된다. 이는 우주가 나선 형상으로 돌아가는 모습과 같다. 한복 마름질에는 우주와 세상 만물에 대한 한국인의 인식 체계, 천지인의 세계가 그대로 담겨 있음을 알 수 있다.

서양은 옷감이라는 공간에서 옷의 도형(패턴)을 분리해 옷을 만든다. 반면에 한복은 공간과 도형을 구분하지 않는다. 본래 한복에는

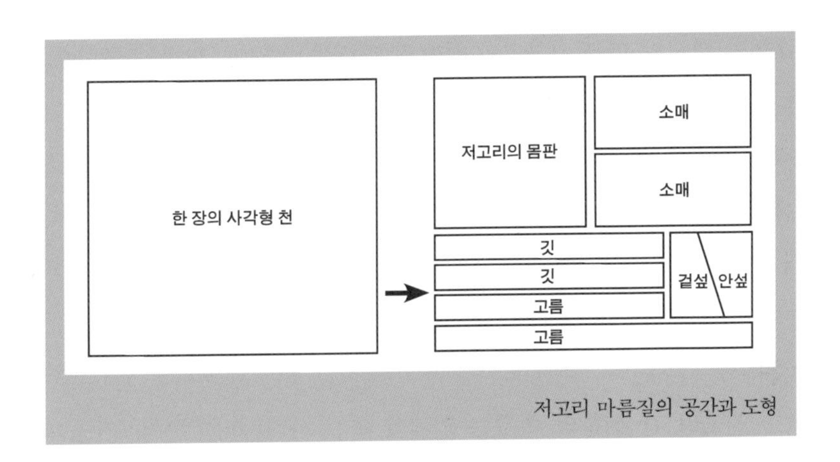

저고리 마름질의 공간과 도형

옷꼴, 즉 패턴이 없다. 다시 말해 옷감 자체(공간)가 도형(패턴)인 셈이다. 『조선재봉전서』에 기록된 저고리 만드는 법 도해圖解를 보면 옷감의 사각형 전체(공간)를 길, 소매, 섶, 끈 등의 크고 작은 사각형들이 꽉 채우고 있다. 소위 옷꼴을 특별히 형태 짓지 않고 사각의 옷감을 접어가면서 마름질을 하고 있음을 알 수 있다. 그리고 이를 공간적으로 비틀고 휘는 방식으로 옷을 만들어낸다.

저고리는 앞길과 뒷길, 소매, 깃과 가선, 옷고름이 모두 다양한 크기와 길이의 직사각형이고 삼각형의 겨드랑 밑 곁마기로 구성되어 있다. 고대 바지 역시 직사각형의 폭을 겹치고 밑위에는 삼각형이 마주 합쳐진 마름모형 당을 부착하고 허리에 긴 직사각형 띠로 둘러매는 구조를 이루고 있다.

1) 저고리

저고리하면 우리는 흔히 조선시대의 저고리를 떠올린다. 상박하후형인 조선의 짧은 저고리의 원형은 고구려 벽화에 그려진 저고리이다. 그 구조를 보면 몸판, 소매 등 옷꼴(패턴)의 각 부분은 모두 크고 작은 사각형을 바탕으로 한다. 옷감 자체의 꼴과 같은 모습이다. 마름질에 사용되는 자尺는 손을 펼쳐 물건을 재는 형상의 상형문자로 엄지손가락과 새끼손가락을 쭉 펼친 길이, 손 한 뼘의 길이이다. 고대에는 한(1) 자가 18~20cm 정도였는데[5] 이는 손 한 뼘 길이를 기준한 것이다.

저고리 각 부분의 치수는 인체의 관절 마디마디 길이가 기준이다. 가슴너비는 두 뼘, 진동(어깨-겨드랑 밑), 겨드랑 밑-허리, 허리-둔부, 어깨-팔꿈치, 팔꿈치-손목, 이렇게 인체의 각 관절 마디는 모두 한 뼘 기준임을 알 수 있다. 그래서 고대 저고리는 손 한 뼘을 기준한 한 자, 18cm 폭의 옷감 그대로 옷꼴을 만들어 옷을 지었음을 알 수 있다.

한 자 18cm를 기준으로 고대 저고리 마름질 구조를 유추해보면 둔부선 길이의 저고리 앞·뒷길 길이는 약 90cm가 된다. 어깨솔기가 조선 후기에 나타난 것으로 보아 고대에는 어깨솔기 없이 앞뒤가 한 장의 천으로 이어졌다는 견해도 있다. 이를 바탕으로 앞·뒷길 각 길이를 90cm로 했을 때 진동을 25~30cm로 가정한다면 진동에서 둔부까지 60~65cm가 가능하다. 또 뒷목에서 팔목까지의 화장 90cm는 뒷목 중심에서 어깨까지를 30~35cm로 가정할 때 나머지 팔길이 55~60cm가 가능하다. 앞길, 뒷길을 세로로 펼치고 그 어깨 중심으로 소매를 가로로 이으면 영락없는 십자형이 된다. 이를 기본으로 목둘레, 도련, 소매 끝에 긴 직사각형 띠를 가선으로 두르면 저고리가 된다.

정리하면 뒷목 중심에서 어깨점과 팔꿈치를 거쳐 팔목까지 화장을 측정하는 이치가 모두 관절 마디를 한 자로 기준해 옷감 한 마의 척도를 수량화한 것임을 알 수 있다. 따라서 고대시대 저고리는 패턴 없이 사각형 옷감 그대로 폭을 이어 만들었음을 알 수 있다. 그래서 옷감(공간)이 옷꼴(도형)이 되고, 옷꼴 자체가 연결되면 전체 옷감을 꽉 채우게 된다. 이를 통해 오늘날 옷감 한 마의 기준이 90cm인 것

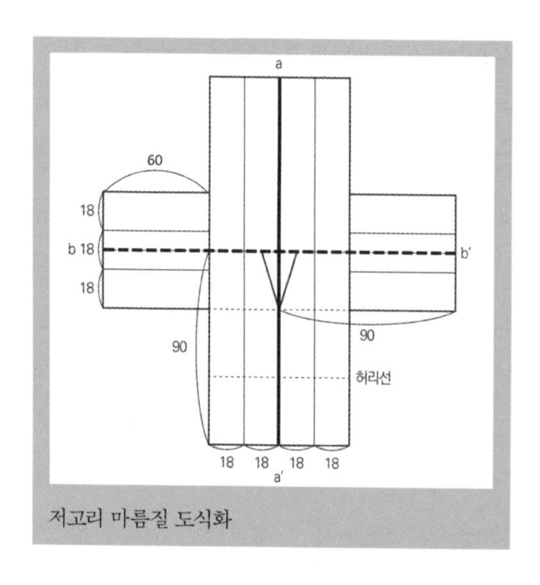

저고리 마름질 도식화

은 고대 한국인들의 관절 마디를 기준으로 삼았던 관습에서 비롯된 것임을 알 수 있다.

고대시대 저고리 마름질 과정을 그림으로 펼치면 앞중심과 뒷중심의 aa´는 어깨선 bb´와 정확하게 십자로 등분된다. 앞중심 가슴선에서 어깨선의 옆 목점을 향해 좌우로 삼각형(人-△)을 떼어내면 V자형 목선(직령直領)이 되고, 뒷길 중심을 연결하면 카프탄 스타일의 저고리 형상이 된다. 이 기본형 앞길 중심 a´-a에 여밈을 위해 삼각형 여유분을 덧대는데, 이는 훗날 섶으로 발전한다. 또 긴 직사각 띠를 재단해 령금(목선, 도련), 소매 입구에 가선을 돌리고 허리에 기다란 직사각형의 대帶를 둘러매면 고대 저고리형이 완성된다. 모두가 사각이고, 삼각이다.

이 구조에는 한옥 마루 바시미 공법의 전체(공간)가 부분(도형)이 되고 부분이 곧 전체가 된다는 한韓철학이 담겨 있다. 옷감 자체를 공간이라 한다면, 옷감 자체가 옷꼴(패턴=도형)이 되고 길, 소매 등 각각의 옷꼴이 모여 옷감 전체가 되는 것을 말한다. 이를 기본으로 고대 저고리는 고려를 거쳐 조선시대까지 그 세부구조의 너비, 길이만 변화되면서 우주의 공간감을 그대로 담아왔음을 알 수 있다.

이런 한복의 전통 마름질을 오늘날에 와서 서양식으로 패턴을 그려 만드는 것은 한복의 본질을 훼손하는 것이기에 이에 대한 성찰이 필요하다. 고대부터 저고리는 사각 옷감에서 작은 사각의 앞·뒷길을 접어 떼어내고 다시 사각 소매를 붙여 만든다. 옷감의 겉과 안 구분도 없다. 그리고 깃과 안섶, 겉섶, 고름 모두 사각형을 기본으로 형태를 만들어간다. 옷감의 큰 사각형 공간 안에 작은 사각의 모든 옷꼴이 꽉 차 옷감 전체가 된다. 옷감이 공간인 동시에 도형(패턴)인 셈이다. 이는 서양 의복처럼 인체 치수에 맞춘 패턴을 바탕으로 완성선을 그려 잘라낸 옷꼴형을 이어 만드는 방식과는 전혀 다르다.

2) 바지

고대시대 바지(고袴)는 직사각형의 바짓길, 삼각형의 당, 긴 직사각형의 대帶로 구성된다. 바지 밑단 역시 긴 직사각형의 밑단으로 가선을 대면 이른바 너른바지형(대구고大口袴)이 되고, 너른바지의 바짓부리에 주름을 잡아 직사각형 천을 두르면 궁고窮袴가 된다. 이는 지금의 몸빼바지 스타일이다. 몸빼바지는 일제강점기에 일본인들이 입던 바지로 알려져 있는데, 이는 한국 고대시대의 궁고가 원형이다. 일본 땅으로 건너간 한국인 선조들로부터 전해져 지금까지 이어져 온 것이다.

바지는 조선시대에 와서는 작은사폭, 큰사폭, 마루폭, 허리로 마름질되는데, 이 모두 사각형이 기본이다. 직사각형에서 큰사폭과 삼각형 작은사폭을 분리해낸다. 허리와 마루폭 역시 사각이다. 여기에 허리에 둘러매는 대帶, 발목을 감싸는 대님도 모두 직사각형이다.

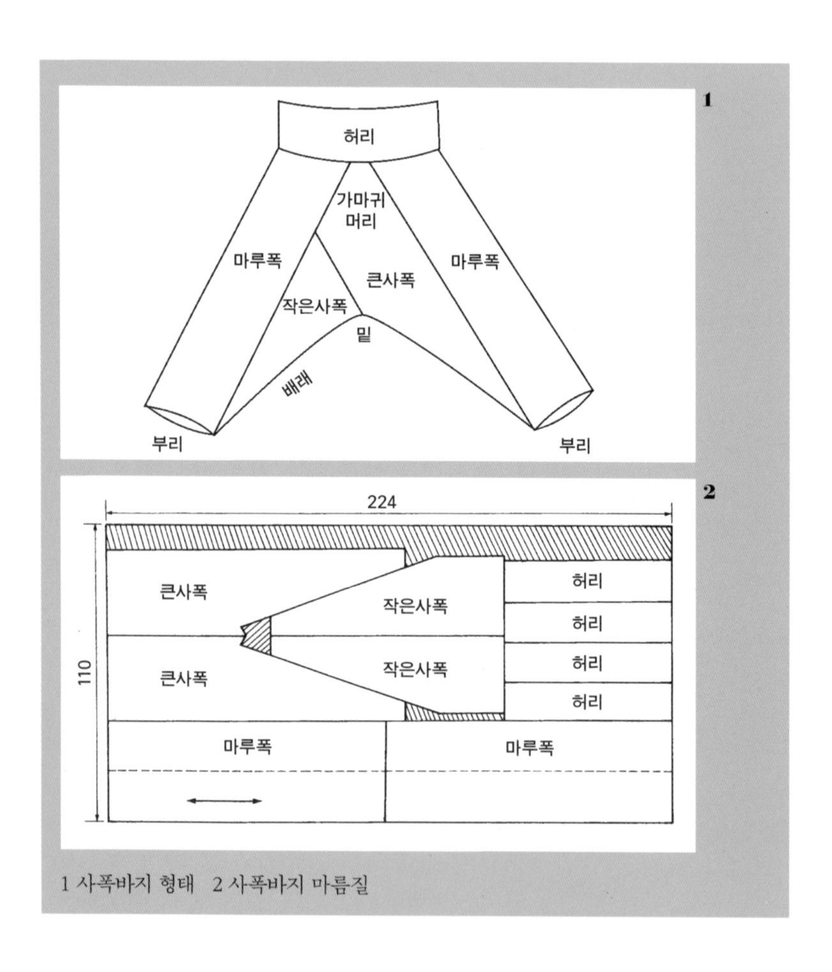

1 사폭바지 형태 2 사폭바지 마름질

3) 치마

치마(상裳)의 구조 역시 직사각형을 바탕으로 한다. 가로는 옷감의 폭을 그대로 하고 세로는 치마 길이로 해, 여기에 길이와 폭이 같은 직사각형을 반복적으로 연결한다. 세 폭 치마는 똑같은 크기의 직사각형 천을 세 폭 연결하면 된다. 그리고 세로 상단에 역시 긴 직사각형 띠를 붙이면 치마가 된다. 시대에 따라 입는 법에 변화가 있어 고대에는 허리에 둘렀고 후대로 오면서 가슴에 둘러 입었다.

보자기가 옷감이고 옷감이 보자기인 것처럼 옷감 자체가 사각의 패턴이고 패턴이 곧 옷감인 셈이다. 다시 말해 옷감 3폭을 이어서 치마허리에 긴 직사각형의 띠를 붙이면 치마가 되는 이치이다. 그래서 한복 치마를 인체를 감싸는 보자기라 하는 것이다.

삼한시대 치마는 직사각형의 천 6폭을 이어 붙여 몸에 두르고 역시 직사각형의 기다란 띠 두 가닥으로 묶었다. 따라서 이 시기의 치마 착장형은 대체로 원통형인데, 이는 일본 고분시대의 봉분 장식인 하니와 토기로 확인할 수 있다. 특히 백제시대 스란치마, 층층치마

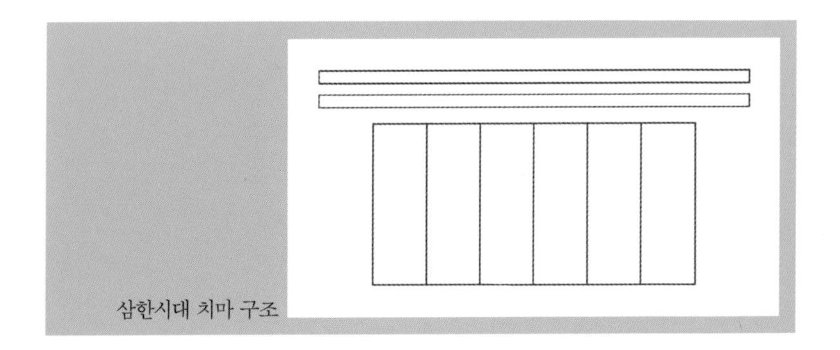
삼한시대 치마 구조

등은 치마 길이를 2단 또는 여러 층의 직사각형으로 재단해 한 방향으로 플리츠 주름을 잡아 연결시킨 발전된 재봉 양식을 보인다. 이와 같이 고대에서 조선시대까지 치마형은 다양하게 발전해왔지만 그 구조는 모두 직사각형을 바탕으로 한다.

한복 치마 모서리는 삼각형과 사각형의 기하학 구조로 되어있다. 치마의 모서리는 서양 치마와 시접 처리가 다르다. 사각형 천을 대각선 방향으로 접어 삼각형 모양을 만들고, 이를 뒤집어 모서리 처리를 하는데 제작 과정과 완성된 모습에서 삼각형, 사각형의 기하학형이 나타난다.

4) 두루마기

저고리 구조에 길이만 연장된 두루마기(포袍) 역시 마찬가지이다. 고대시대 두루마기의 구조는 앞길, 뒷길, 소매, 깃, 가선이 모두 다양한 크기와 길이의 직사각형으로 되어있다. 옆선의 곁마기 유무는 유물이 없어 확인하기 어렵다. 다만 벽화에서 보이는 A자로 퍼진 형태로 보아 길의 옆선이 사선이거나 무가 있었다고 짐작할 수 있을 뿐이

치마 모서리 제작과정

다. 이렇게 한복의 모든 구조는 사각형(방형方形-ㅁ)을 기본으로 여기에 삼각형(각형角形-△)의 세부가 조화되어 전체적으로 평면을 이루는 구조로 되어있다.

고대 두루마기 도식화

이와 같이 한복의 저고리, 바지, 치마, 두루마기의 마름질에서 각 옷꼴들은 모두가 땅을 상징하는 방(ㅁ)형을 바탕으로 사람을 상징하는 각(△)형의 세부구조가 추가되어 옷감 전체 공간을 꽉 채우는 평면구조로 구성되어 있다. 목선 또한 Y, V자의 각형 구조이다. 한복은 이처럼 사각형 옷꼴(패턴)들의 반복적 구성에 의한 평면적인 구조가 봉제에서 기의 순환성을 담은 입체적 공간으로 나타난다. 우주(천지인)의 형상화이다. 이런 이치로 평면구조로 재단·봉제되었음에도 인체에 입혀졌을 때 몸과 한복 사이에 상대적이고 가변적인 공간을 만들어내 인체를 편하게 해준다.

한복은 마름질에서 천지인의 방형, 각형 구조, 그리고 제작 방식에서는 기의 순환성을 상징하는 태극의 세계를 담고 있다. 큰 사각 옷감 전체를 인체 각 부위 크기의 작은 사각형 옷꼴로 채우는 2차원의 평면적 마름질 과정이 봉제 과정에서 나선형 우주의 순환적 입체 공간으로 나타난다.

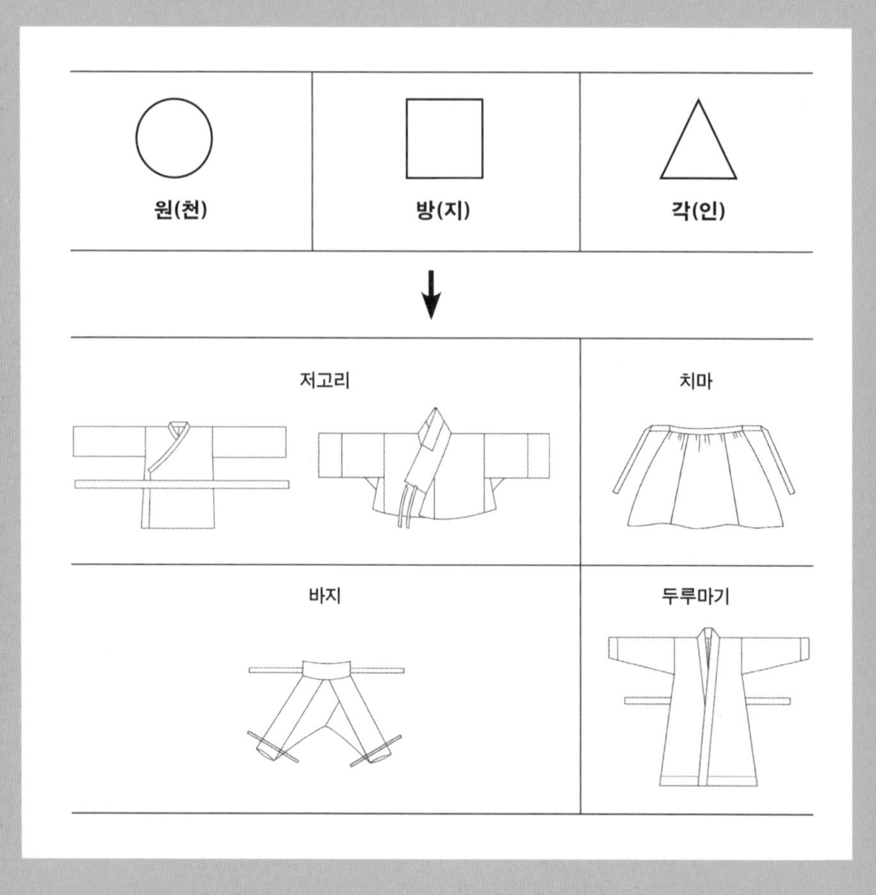

한복 구조

바느질

태극

태극의 세계는 곧 우주이다. 우주는 본래 혼돈의 암흑에서 서서히 '기'의 작용으로 탄생되었다고[6] 본다. 비어있는 우주 공간은 수포水泡들의 소립자와 플랑크상수(h)의 입자들이 모여 기의 세계를 이루는 공간이다. 기는 태극의 세계로 설명된다.

무형의 기로 가득 찬 태극의 세계는 생성과 소멸을 반복하는 움직임의 공간으로 끊임없이 변화하는 가변적 공간이다.

이는 우리 생활에서 발효 과학을 떠올리면 쉽게 이해할 수 있다. 한국의 된장, 고추장 같은 발효 음식들은 모두 눈에 보이지 않는 우주, 자연 속에 있는 '기'의 작용에 의한 것이다. 공기와의 소통 속에서 스스로 생성된 파동의 에너지가 만들어내는 생명과학이다.

자연은 봄이 되면 스스로 만물을 소생시켜 여름에 그 생명력을 활짝 꽃 피웠다가 가을, 겨울을 지나며 소멸해가는 과정을 반복한다. 이를 이해한다면 우주가 고정된 공간이 아닌 끊임없이 생성과 소멸을 반복하는 움직이는 공간이라는 것을 알 수 있다. 태극의 세계인 것이다.

눈으로 볼 수 없고, 냄새도 형체도 없는 '기'는 움직임이 있다. 음과 양의 기운이 서로 밀고 당기면서 파동의 흐름으로 끊임없이 연결된다. 그러나 다만 감각으로 느끼는 공간감일 뿐이다. 그렇다면 한국의 마음에 담긴 기의 공간감은 어떤 움직임인가? 그것은 비틀려 휘어 돌며 접히는 선과 면이 연속적으로 연결되는 기의 순환성으로 설명된다. 그 순환 선상에서는 방향을 예측할 수도, 유지할 수도 없기에 일정한 형태가 있을 수 없다.

기의 흐름은 방향을 예측할 수 없는 파동의 구불거리는 선형 공간감이라 할 수 있다. 비틀려 휘어 돌며 접히는 선과 면이 연속적으로 순환하는 파동의 흐름이라 말할 수 있다. 그 흐름의 궤적을 따라 연결하면 시작과 끝을 알 수 없고, 전후, 상하, 좌우, 안팎이 구분 없이 비틀려 돌아가는 나선형을 띤다.[7] 이 나선형 순환 선상에는 고정된 실체가 없기 때문에 무형태, 불균형성의 특성을 갖는다.

비틀려 휘어 도는 기의 순환적 파동의 공간감은 '태극'의 세계로 설명된다. 태극은 '국기'의 문양으로 한국을 상징하고 여기에는 고대로부터 우주를 향한 한국인의 마음이 담겨 있다. 『천부경』에서 말하는 우주 만물의 생성과 천지창조 원리는 바로 태극의 세계를 말하는 것이다.[8] 태극은 하늘과 땅이 나눠지 않은 우주의 본원 무극에서 출발한다. 그것은 무극의 우주, 혼돈의 암흑 세계인 공空의 세계이다. 우주에 대한 이런 관념의 세계를 마음에 담은 동양의 우주관을 '카오스(혼돈)'의 세계관이라 한다. 고정된 실체가 없는 무형태, 비정향, 가변의 공간이기에 '혼돈'인 것이다. 이는 현대과학 언어로 '불확정성'으로 표현된다.

우주의 '우宇'는 공간을, '주宙'는 시간을 의미한다. 이는 요동하는

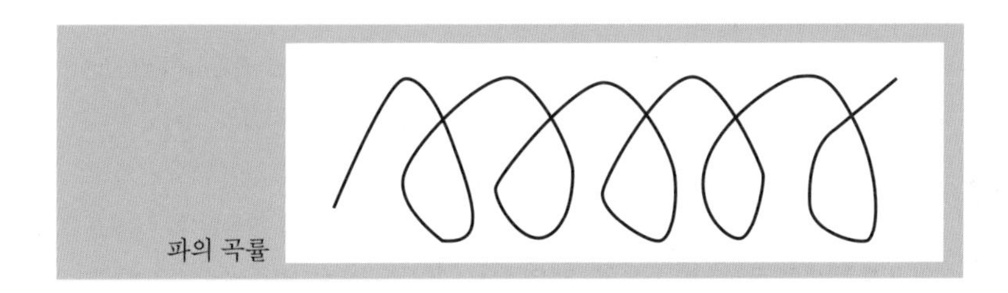

파의 곡률

기란 무엇인가?

기氣란 눈으로 보이지 않으나 인간의 오감으로 느껴지는 형상으로 우주의 만물을 생성하고 활동하게 하는 그 근원이 되는 힘이라 할 수 있다. 다시 말하면, 자연의 공기와 같은 것으로 일종의 에너지로 이해할 수 있다.

우주를 물질로 가득 찬 절대 불변의 공간으로 간주했던 서양과 달리 동양은 우주를 비어있는 공간이라고 생각했다. 그 비어있는 우주의 공간은 눈에 보이지 않는 '기'라는 무형의 물질로 가득 찬 공간이고 상황에 따라 변할 수 있는 '상대적인 공간'으로 이해했다. 우주는 비어있다(空). 그러나 그 비어있음은 광활한 공간을 이루면서 소립자, 플랑크상수 같은 미세한 수포의 분자로 가득하기 때문에 빈 것이 아니다. 다만 우리 눈에 빈 것처럼 보일 뿐이다.[9] 기는 눈에 보이지도 않고 형상과 색도 없으나 흐르고 움직이면서 공空의 세계를 생성해가는데, 이는 파동으로 전달된다.

이를 현대 우주론으로 접근해보자. 기는 현대 물리학에서 말하는 양자, 전자, 중성자의 집합체로 이해할 수 있다. 현재까지 현대과학은 우주의 구성 원자 118개까지 증명해냈고, 이 원자들은 모두 수소의 집합체로 이루어졌다. 원자 번호 1은 수소, 6은 탄소, 8은 산소, 79는 금 등… 이런 식으로 수소의 집합체 118개가 우주를 구성하고 있다.

우주에 존재하는 모든 물질은 분자이고, 분자는 원자로 쪼개진다. 태양은 양광자, 지구는 음광자이며 자연은 양자, 광자, 진동으로 이루어진다. 양자의 진동은 광자가 되고 이는 경계를 초월하여 전달되는데, 양자가 광자 형태로 진동하면 물질이 된다.[10]

이렇듯 우주는 양자, 광자, 원자, 중성자, 전자 같은 마이크로micro로 형성된 매크로macro 세계인 것이다.[11] 이 미립자들은 +와 - 두 가지 힘으로 작용하여 끊임없이 섞이고 되먹임된다. 이를 동양철학에서는 음(-)과 양(+), 두 힘의 작용으로 설명한다. 양과 음의 상반된 작용에서, 양 중에 음이 있고 음 중에 양이 있어 서로 섞이고 되먹임되어 천지만물을 창조하고 소멸하는 순환과 반복을 계속한다. 이 흐름이 비틀려 휘어 도는 나선형으로 순환한다는 것이다. 따라서 기란 공기, 에너지와 같은 파동의 흐름을 말한다.

인간은 육체로 드러나지만 그 육체를 움직이는 마음과 정신은 눈에 보이지 않는다. 이 보이지 않는 정신과 마음이 육신을 움직이는 것처럼 우주의 텅 빈 공간을 '기'란 파동이 끊임없이 움직이고 연결되면서 가득 채우고 있다.

양	음
남성	여성
+	-
볼록	오목

시공간을 말하는 것으로 움직이는 공간임을 의미한다. 우주에서 하늘은 만물을 존재하게 하는 근본이고 여기에는 음과 양이라는 두 가지 힘이 작용한다. 인간 세계에 여자와 남자가 있듯이 우주의 만물에도 음양의 두 힘이 있다. 우주에 존재하는 음과 양의 끊임없이 밀고 당기는 반복적 순환이 바로 기의 운동, 그 흐름을 말하는 것으로 이런 순환을 통해서 만물이 생성되고 소멸되는 이치가 바로 태극의 세계이다. 기의 나선형의 흐름으로 요동하는 시공간의 천지, 즉 하늘과 땅의 원리가 태극이다. 이렇듯 한국의 선조들은 고대부터 이 우주 공간을 생명의 창조와 소멸의 유기적 공간으로 보았고 이를 태극의 원리로 터득하여 풀이하였다.

비틀려 휘어 감아 나선형으로 돌아가는 기 운동은 태극 문양으로 형상화된다. 기 흐름의 궤적을 따라 연결하면 구불거리는 선으로 이어진다. 한국인들은 이를 마음에 담아 긴 띠로 형상화하였다. '코리안 라인', 한韓의 띠인 것이다.

태극문양

태극의 형상은 S자 곡선으로 맞물리는데 볼록한 부분은 양, 오목한 부분은 음을 의미한다.[12] 양 기운이 정점에 이르러 볼록해지는 순간 다시 음 기운을 향해 하강한다. 음 기운이 정점에 이르면서 형상은 오목해지고 이는 다시 양 기운의 정점을 향해 변화한다. 나선형으로 비틀려 휘어 돌아가는 파동의 궤적 속에는 양 속에 음이 있고 음 속에 양이 있는 되먹임 현상들이 반복된다.[13]

이와 같은 현상은 나사NASA에서 촬영한 나선형으로 소용돌이치는 우주의 형상을 보면 이해될 수 있다. 그 이전에 독일의 천문학자 페르디난트 뫼비우스August Ferdinand Möbius는 기다란 띠가 비틀려 돌아가는 형상의 우주의 틀을 만들었고, 이를 '뫼비우스 띠'라 한다. 이것이 코리안 라인, 한의 띠다. 나선형으로 비틀려 휘어 도는 파동의 흐름은 물과 빛과 소리의 집합체이며 그 속에서 양과 음 기운을 띠는 원자들이 서로 되먹임하면서 생명을 생성하고 소멸하는 창조의 공간이다. 이를 수천 년 전 한국의 조상들은 기의 움직임으로 마음에 담아 태극의 세계로 설명하였다.

기를 이루는 빛의 교차 속에서 생겨난 사람의 몸은 3분의 2가 물로 되어있다. 삼라만상의 모든 생명을 가진 물질은 그 성분의 3분의 2가 물이다. 꽃도, 나무도 그 어떤 생명도 마찬가지이다. 지구도 우주도 모두 3분의 2가 물로 이루어져 있다. 특히 우주는 물과 수포로 가득 차 있다. 모든 생명의 유전자에는 산소, 아미노산이 반드시 포함된 것처럼 우주의 기를 이루는 물과 빛도 산소, 아미노산, 수소 등의 유전자를 품고 있다.[14]

인체는 계속 분해해 들어가면 미립자로 가득 찬 존재이다. 70퍼센트가 물이고 수소, 셀레늄, 마그네슘 등의 원자들로 이루어진 게 인간의 몸인 것처럼 이 우주는 이러한 음양의 기운을 띤 원자들로 가득 차 있고 이러한 원자들은 군집을 이루며 서로 되먹임 운동을 하는 것이라 할 수 있다. 인간의 DNA도 나선형으로 비틀어 휘어 돌아가는 사슬띠로 되어있다. 우주와 같은 이치이다. 그래서 대자연은 대우주, 인간은 소우주라 한다. 이처럼 기의 흐름은 양과 음의 기운을 띠는 최소 단위의 미립자들이 군집을 이루며 끊임없이 돌아가는, 현대과학이 말하는 에너지의 세계인 것이다. 이를 동양철학에서는 '순환성'으로 설명한다. 기는 이 에너지의 움직임이다. 이 움직임의 궤적을 따라 연결하면 곡선형으로 구불거리는 긴 띠의 형상이 그려진다. 이를 단면으로 나타내면 S자 곡선 모양이다.[15] 이것이 태극 문양이다. 과학이 20세기에 추론해낸 우주 에너지의 세계, 뫼비우스 띠의 논리를 우리 조상들은 이미 수천 년 전부터 한문화에 담아 태극으로 표상했다는 것이 놀랍지 않은가?

기의 흐름은 일정한 방향도 없고, 그 형태를 감지할 수도 없는 '무형의 세계'이다. 기의 세계는 오로지 인간의 오감에 의해서만 감지된다. 그래서 기의 세계는 고정된 형태가 없기 때문에 '무형태성', 일정한 방향이 없기에 '비정형성', '비정향성', 끊임없이 변하기 때문에 '가변성'으로 설명된다. 그래서 없으면서 있고, 있는데 없는 것이다. '허虛의 존재론'이다. 대자연의 모든 것은 변한다. 있다가 없고, 없다가 새로 소생한다. 생성과 소멸의 끊임없는 반복이다. 태극의 세계인 것이다. 인간도 바로 '허'의 존재이다.

인간의 오감에 따라 규정되는 기의 세계는 고정된 형태가 있을 수 없다. 그것은 상황에 따라, 인간의 느낌에 따라 존재 규정이 바뀔 수 있다. 도가道家적 해석으로 말한다면, '기'의 세계는 그 형태가 순간순간 변하는 운동감으로 '가변성', 즉 변화의 가능성이 무한히 잠재되어 있다.

이처럼 기의 세계는 '무형태성', '비정형성·비정향성', '가변성'으로 규정되며 이는 한복 외형에 나타나는 대표적인 특성이다. 치마를 입은 모습을 생각해보면 쉽게 알 수 있다. 치마는 인체를 둘러싸는 보자기와 같다. 신분에 따라 양반은 왼쪽으로, 기녀는 오른쪽으로 여며 입고 상황에 따라 허리에 두르거나 가슴에 둘러 입기도 하며, 치마를 접어 올려 긴 끈으로 매면 월매의 치마처럼 다른 모습으로 바뀐다. 형태가 고정되어 있지 않다. 때로는 얼굴을 가리는 쓰개치마로도 활용된다. 그래서 한복 치마는 그 형태가 고정되어 있지 않은 '무형태성', 법칙이나 방향이 없는 '비정형성·비정향성', 상황에 따라 다양한 형태로 연출할 수 있는 '가변성'의 특성을 갖는다.

한복 바느질

태극의 비틀려 휘어 도는 선형 공간감을 궤적으로 연결하면 선이 그려지고 이를 마음에 담은 한국인들은 '띠의 문화'를 만들어냈다. 이는 한복에 그대로 나타난다.

한복은 띠의 옷이다. '코리안 라인'인 것이다. 이와 같은 특성은 한복 바느질 과정에서 여실히 드러난다.

1) 저고리

사각의 천을 바탕으로 사각, 삼각으로 마름질된 한복의 옷꼴은 바느질 과정에서 초공간적으로 연결된다. 저고리는 앞·뒷길과 소매를 이어 붙인 십자형 꼴의 겉감과 안감을 마주 보게 한 뒤 소매를 돌돌 말아 돌려 고대(목) 부분으로 비틀어 빼면 안과 겉의 공간이 휘고 비틀어져 하나의 저고리로 완성된다. 이 과정의 궤적을 따라 그 동선을 연결하면 180도 돌려 감은 기다란 나선형 띠와 같은 모습이다. 이는 기의 순환성에 따른 제작 기법임을 알 수 있다. 2차원 평면을 돌려 접은 뒤 펼쳤을 때 입체적인 형태를 보이는 종이접기와도 유사하며, 면을 접어 뒤집거나 비틀어 돌리는 방법이 태극의 순환성을 그대로 반

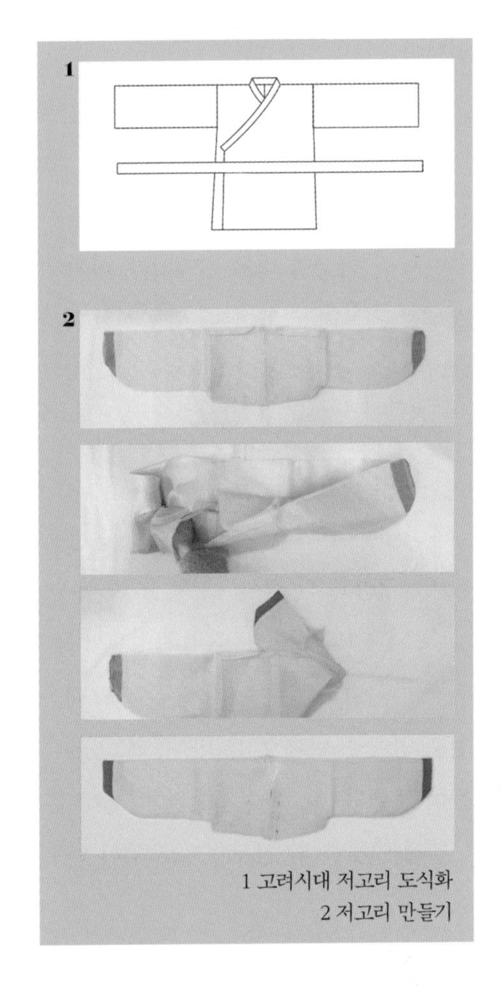

1 고려시대 저고리 도식화
2 저고리 만들기

영한다.

이렇게 완성된 저고리를 긴 띠로 엮어 여미어 입으면 완성이다. 고대 저고리의 허리에 두르는 대帶나 고려, 조선 저고리의 옷고름 모두 직사각형 띠를 비틀어 감아 매는 두르기rolling, 꼬기twisting, 묶기fastening의 착장법 바로 그것이다. 이처럼 한복은 인체를 둘러 감싸는 방식으로 돌려 비틀어 매는 나선형 우주의 공간감을 나타낸다. 이는 기의 흐름이자 태극의 순환적 세계이며 하늘(○)의 형상화인 것이다.

2) 바지

고대부터 바지는 직사각형의 바짓길을 바탕으로 여기에 삼각형의 당, 그리고 긴 직사각형의 대로 허리를 둘러 감는다.

조선시대 바지는 제작 과정에서 두 번 180도 비틀어 돌린다. 첫 번째는 사다리꼴 큰사폭에 삼각형 작은사폭을 연결할 때 작은사폭 선분 방향을 반대로 180도 돌려 큰사폭에 이어 붙이는 과정에서 비틀어 돌린다. 두 번째는 안감 바지와 겉감 바지의 부리 및 배래를 바느질해 연결한 뒤 창구멍으로 겉이 나오도록 뒤집을 때다. 안감 바지

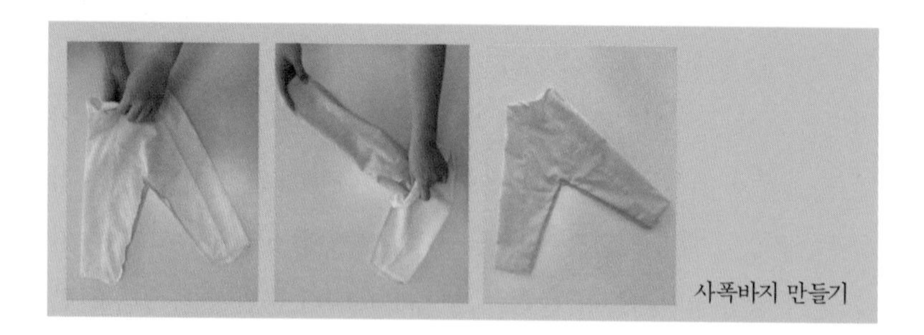
사폭바지 만들기

가 겉감 바지를 뚫고 들어가는 형상이 되는데, 이 역시 안감과 겉감의 연결 방식이 꼬인 구조를 이룬다. 마치 바지 안팎이 대칭으로 180도 방향을 바꾸어 연결된 우주의 나선형 띠와 같다.

고려시대 단고 도식화

이렇게 만들어지는 한복 바지 역시 우주의 기의 흐름인 비틀려 휘어 도는 공간감을 반영한 '한韓의 꼴'이기도 하다. 저고리 뒤집는 과정처럼 180도 돌려 감는 기다란 나선형 띠 같은 기의 리듬과 순환성을 상징적으로 나타낸다.

한복은 입는 이의 몸 크기에 따라 상대적이다. 서양은 인체를 개별적으로 인지해서 신체 각 부위의 치수에 근거해 인체를 한정된 절대공간에 가두는 형식으로 옷을 만든다. 옷이 인체를 수단화하는 형식인 것이다. 그러나 한복은 인체가 옷을 수단화한다. 다시 말해 인체를 중심으로 옷이 인체 크기와 형에 따라 변화하는 상대적이고 가변적 공간인 것이다. 인체는 부피를 가진 3차원이다. 한복 바지는 작은사폭을 한 번 비틀어 큰사폭에 잇는 과정에서 3차원으로 변경되기 때문에 입을 때 불편함이 없다.

3) 치마

한국의 마음에 내재하는 우주의 공간은 상대적 공간이자 가변적 공간으로 무한 세계를 내포한다. 이는 치마에 그대로 반영된다.

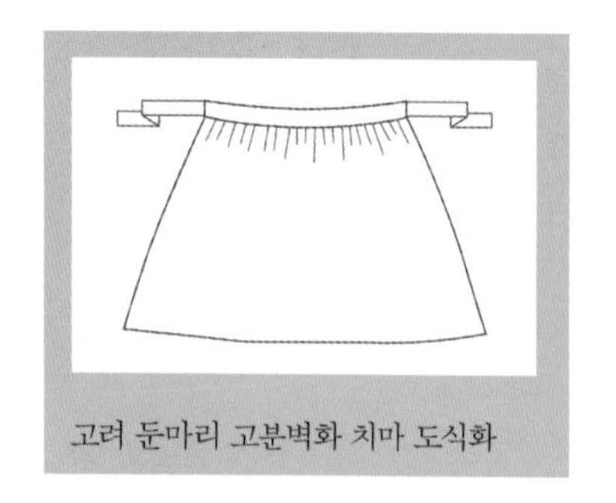
고려 둔마리 고분벽화 치마 도식화

따라서 인체를 둘러 감싸 입는 한복 치마는 특별한 형이 없다. 사각 천 모양 그대로이다. 인체에 둘러서 입혀져야 치마는 형태를 드러낸다. 인체 치수에 상관없이 누구라도 입을 수 있고 입은 사람의 외형 그대로 형태가 나타난다. 인체에 따라 치마의 공간이 변하는 상대적 형태인 것이다. 그야말로 '상대성 원리'와 같다.

인체를 부분으로 나누지 않고 몸 전체를 한 덩어리로 인식해 사각 천 자체의 공간으로 인체라는 물체를 감싸는 형식으로 만들어졌다는 것을 알 수 있다. 인체라는 물체가 치마의 공간과 형태를 바꾼다. 이는 우주가 '기'라는 비가시적인 에너지로 가득 차 있고 '우주의 모든 존재는 고정된 실체가 없다.'고 생각한 한국인의 마음에서 비롯된 것으로, 모든 사물을 특정 용도로만 한정하지 않는 가변적 특성인 셈이다. 기의 세계, 곧 태극의 세계의 형상화인 것이다.

이와 같이 한복 마름질에서 사각형 옷꼴이 반복되는 평면 구조가 바느질에서는 비틀려 휘어 도는 나선형의 공간감으로 연결된다. 옷꼴은 평면적이지만 공간을 비트는 상대적이고 입체적 구조로 제작되어 사람이 입으면 몸과 한복 사이에서 가변 공간을 만들어내어 인체를 편하게 해준다.

바시미와 프랙털

한옥의 건축 기법에서 특이한 점은 나무와 나무를 연결할 때 못질을 하지 않고 나무 가장자리에 홈을 파서 요철을 만들어 끼워 맞추는데, 이를 바시미 기법이라 한다. 한옥 마루는 작은 사각이 연결되어 전체의 커다란 사각 마루로 완성되는데, 이때 사용되는 기법이다. 저고리, 치마 등의 한복 마름질도 역시 작은 사각이 연결되어 옷감 전체의 큰 사각이 되는 구조로 이와 같은 원리이다. 이런 구조는 한옥, 문짝, 가구, 조각보 등 한국 전통공예의 전반을 이루는 본질이다.

바시미 원리에는 우주에 대한 한국인의 마음이 응축된 한韓사상이 담겨 있다. '한'은 하나one와 여럿many을 포괄한 의미인데 여기서 '하나'는 생명체로서의 하나의 우주를 의미하고 '여럿'은 그 우주 속에 존재하는, 생명체를 이루는 세포와 같은 무수히 많은 '나'의 존재를 압축적으로 설명하고 있다. 이는 7세기 신라의 의상대사가 설파한 「화엄일승법계도華嚴一勝法界圖」에서 근원을 찾아볼 수 있는데, 이는 한국문화의 본질적 특성인 '바시미' 원리로 발전하였다.

바시미 원리는 현대과학에서 공간(배경)과 도형(형태)을 구분하는 것은 무의미함을 말하는 이론과 닿아있다. '전체는 곧 부분이다.' 여기서 전체는 하나, 부분은 여럿과 그대로 상통한다. 공간은 전체(하나), 도형은 부분(여럿)을 말하는 것이니, 부분이 전체라는 현대과학 이론과 '하나와 여럿'을 동시에 의미하는 '한'사상은 맥이 통한다.

바시미는 바로 우주에 대한 한국인의 마음이 인식한 '기'의 상대적 공간감을 나타내는 한철학의 상징적 체계다. 한옥 마루는 사각의 공간이다. 이는 작은 사각의 나무 조각들이 반복 연결되어 마루라는 전체 공간을 이루는 이치이다. 한복 치마 마름질 역시 같은 크기의 사각 옷끌들이 모여 전체의 큰 사각 치마를 이루는 것과 같은 맥락이다.

이는 바시미 원리에서 공간(옷감)은 물질(옷끌)과 만나고 이는 다시 마음을 만나는 이치로 설명된다. 따라서 '공간=물질=마음'이라는 등식이 성립한다. 이는 곧 현대과학이 말하는 '전체=부분'과 같다.

의상대사의 「화엄일승법계도」의 '일중일체 다중일一中一切 多中一, 일즉일체 다즉일一卽一切 多卽一'은 하나 속에 전체가 있고 전체 속에 하나가 있어 하나가 곧 전체이고 전체가 곧 하나라는 뜻으로 바시미 미학의 근간을 이루는 조형 원리이자 한문화의 본질이다.

한국과 서양의 이런 개념은 작은 구조가 전체 구조와 비슷한 형태로 반복되는 바시미 구조로 대변된다. 그리고 이는 20세기 서양 과학의 패러다임으로 등장한 프랙털 개념으로 이어진다.

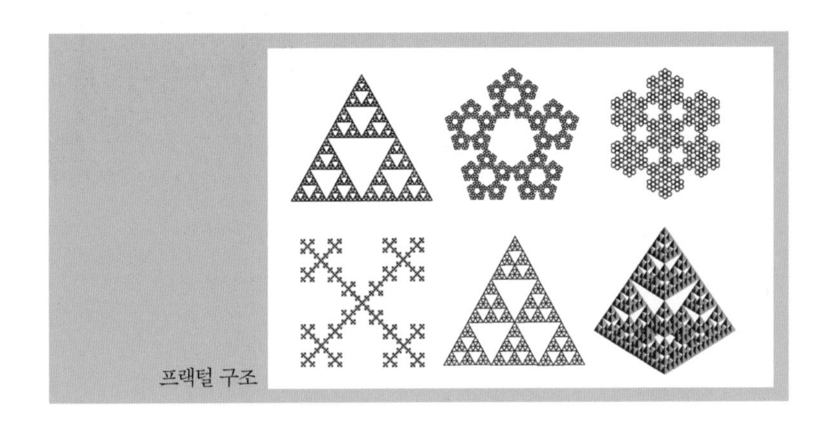

프랙털 구조

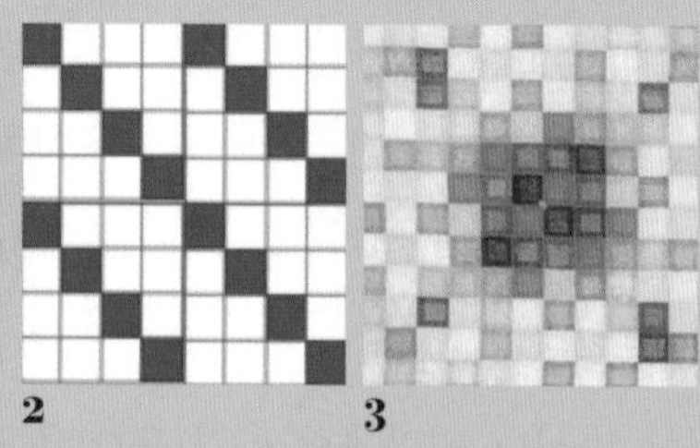

1 동암리 고분벽화의 의상 문양　2 바시미 패턴
3 조각보 바시미 패턴　4 마루와 창틀의 바시미 패턴

프랙털 기하학은 작은 구조가 전체 구조와 비슷한 형태로 무한히 반복되는 구조로 자기유사성과 순환성이 가장 큰 특징이다. 자기유사성이란 동일한 기본 단위가 반복적으로 연결되어 전체 조형을 이루는 성질이다. 이는 한복 마름질에서 다양한 크기의 작은 사각형 옷꼴들이 반복적으로 연결되어 옷감 전체인 큰 사각을 이루는 것과 같은 이치이다. 각 부분의 형태가 전체 형태와 유사한 자기 복제로 반복되어 어느 부분을 확대하더라도 유사한 모양이 나타나는 재귀적인 특징을 갖는다. 이러한 도형을 자기유사 도형이라 하며, 부분이 전체가 되고 전체가 부분이 되는 바시미 원리의 본질이다.

우주를 물체로 가득한 절대 불변의 공간에서 에너지가 있는 유기체적 공간으로 인식하기 시작한 현대과학의 전환점에서 등장한 프랙털 기하학은 시간을 거슬러 한사상의 '하나이면서 여럿'이라는 개념과 만난다. 현대과학이 뒤늦게 한국 전통문화의 원리를 현대적 언어로 대변하고 있는 것이다. 이는 고구려 고분벽화 속 의상 문양에도 나타나는 한국문화의 기본을 이루는 본질이다.

고대부터 고려, 조선을 거쳐 현재까지 한복의 외형은 많이 변화했으나 그 구조에는 바시미 원리가 그대로 깔려 있다. 크고 작은 사각형의 옷꼴이 연결되어 치마가 되고 치마가 다시 천이 되는 한복 구조가 바로 바시미 원리이다. 이는 작은 사각이 반복 연결되어 큰 사각을 이루는 조각보라든가, 한옥 마루, 창틀 등 한국문화에서 흔히 볼 수 있는 특징이다. 인간의 세포 분열과 똑같은 맥락으로 자연의 본질을 변화와 순환으로 인식하고 모든 현상을 상대적 관점에서 바라보고 포용하는 한국의 전통적 세계관이다. 바시미 원리는 한국이 고대부터 체득해온 대자연의 철학과 문화적 특성으로 이제 20세기 현대과학으로 입증되고 있으니 한문화의 본질이 얼마나 과학적인가를 알 수 있다. 이렇듯 한국인의 마음은 수천 년 전부터 바시미로 이를 보여주고 서양은 20세기에 와서 프랙털로 응답한다.

한복 입기

두르기 · 꼬기 · 묶기

(위/아래)강대호 포일습(43회 대한민국전승공예대전 장려상/16C~17C, 고증재현) | 김명자

본래 한복은 온 식구가 돌려가며 입을 수 있는 게 특징이다. 어떤 체형이라도 웬만하면 입을 수 있도록 만들어졌다는 말이다. 그렇게 한복은 입는 사람의 인체 크기에 따라 상대적이다. 이는 꼭 맞게 인체 외형선을 드러내어 몸을 불변의 공간에 가두는 방식으로 만드는 서양복과는 전혀 반대되는 특성이다. 따라서 한복은 인체를 인위적으로 드러내려 하지 않는, 인간이 자연이자 자연이 인간인 동양의 정신과 그대로 통하고 있음을 알 수 있다.

한복은 머리끝에서 발끝까지 머리, 이마, 목, 팔, 무릎, 발목의 관절 마디마디를 모두 기다란 직사각형 띠로 감싸 돌려 비틀어 매어 입는 형식이다. '띠의 문화'인 한문화의 특성이 그대로 나타나 있는 것이다. 나선형으로 돌아가는 태극 문양의 순환성은 한복 입기에서 나타나는 '띠' 문화의 상징이다.

우주 에너지, 기의 흐름은 일정한 방향성도 없고 형태도 없는 무형의 존재다. 시작과 끝도 없이 끊임없이 연속되는 태극의 세계는 대자연의 순환인 것이다. 한국의 마음은 이를 띠의 문화, 코리안 라인으로 한복에 담아 형상화하였다.

이는 남자들의 상투머리에서 시작이 된다. 머리카락을 정수리로 모아 긴 사각 띠로 묶고, 묶은 긴 머리를 나선형으로 비틀어 돌려 감아 상투를 틀고 다시 긴 띠로 비틀어 둘러매어 하늘을 향해 고정시킨다.

고구려 벽화의 여성은 하늘을 향해 나선형 우주 형상인 원반형 올림머리를 하고 있다. 바로 우주를 상징하는 머리 모양이다. 고대에는 쌍상투 등 올림머리가 다수 보이는데, 당시에는 남녀 구분 없이 모두 하늘을 향해 머리를 올린 모습이다.

고구려 고분벽화 속 귀부인상

하늘을 향한 상투머리는 조선시대까지 이어지나, 여성의 올림머리는 유교를 숭상한 조선시대에 와서 모양이 달라진다. 남녀유별에 따라 기혼 여성은 뒤통수 아래에서 머리를 묶어 땅을 향해 쪽을 찌어 고정한다. 쪽을 찔 때 뒤통수 아래로 묶은 머리를 세 갈래로 비틀어 돌려 땋아서 이를 다시 비틀어 감아 쪽을 찌고 땅을 향해 비녀로 고정한다. 미혼 여성은 긴 머리를 세 가닥으로 비틀어 돌려 땋아 긴 직사각 댕기로 비틀어 감아 매어 땅을 향해 고정한다. 이처럼 비틀어 돌려 매는 순환성은 고대에서 조선에 이르기까지 머리 모양에도 그대로 나타난다.

지금은 한복 여밈이 간편화되어 단추나 패스너 같은 부자재를 이용하지만 본래 한복은 모두 띠로 돌려 묶게 되어있다. 띠로 묶는 과정은 두르기rolling, 꼬기twisting, 묶기fastening로 비틀어 휘어 돌아가는 대자연의 세계를 그대로 반영한다.

고구려 저고리는 기다란 직사각형 띠로 허리를 둘러 비틀어 감아 묶는다. 저고리 가장자리는 '가선', 직사각형의 기다란 띠로 선을 둘러 마무리하고 소매 끝에도 가선을 두른다. 소매에도 직사각형의 띠를 둘러매어 입는다. 바지 역시 띠의 대님으로 발목을 감아 비틀어 맨다. 고대에는 무릎에 각반脚絆 또는 각결脚結이라 하는 직사각형 천을 다리에 감았다. 치마허리 역시 긴 띠로 몸통을 감아 비틀어 돌려 매어 입는다.

조선시대에 와서 저고리는 고름으로 가슴선에서 비틀어 돌려 묶는다. 깃, 소매 끝 역시 모두 긴 직사각 띠를 둘러 마무리한다. 이렇게 저고리부터 바지, 치마 모두 긴 직사각형 띠로 인체를 둘러 비틀어 매는 두르기, 꼬기, 묶기 방식이다.

한복 저고리 도련의 섶코, 버선코, 고무신의 코, 조바위, 남바위의 형태는 모두 태극의 S자형과 닮아있다. 신윤복의 〈미인도〉에 나타난 치마, 저고리의 외형선 역시 태극의 선과 닮아있다. 손에 손을 잡고 둥글게 원을 그리며 춤을 추는 강강술래, 상모돌리기, 살풀이, 부채춤, 한산춤, 매듭, 전대, 새끼줄, 돗자리 등등 대자연의 순환인 태극의 선은 두루기, 꼬기, 묶기로 한문화 전반에 상징화되어 있다.

― 한복여성소사

1. 이규태, 『한국여성의 의식구조 2』(신원문화사, 1993)
2. 채금석·김소희, 「한국 고대 고깔과 종이접기」(〈한국의상디자인학회지〉 20권 4호)
3. 한국학중앙연구원, 〈한국민족문화대백과사전: 상투〉(http://encykorea.aks.ac.kr/)
4. 장숙환, 『전통 장신구』(대원사, 2002)
5. 국립민속박물관, 〈한국민속대백과사전-한국의식주생활사전: 댕기〉(https://folkency.nfm.go.kr/kr/)
6. 안정복, 『동사강목東史綱目』(『한국복식문화 고대』(채금석, 경춘사, 2017)에서 재인용)
7. 한치윤, 『해동역사』 예문지藝文志 18 잡철雜綴(『한국복식문화 고대』(채금석, 경춘사, 2017)에서 재인용)
8. 채금석, 『한국복식문화 고대』(경춘사, 2017)
9. 국립민속박물관, 〈한국민속대백과사전-한국의식주생활사전: 댕기〉
10. 국립민속박물관, 〈한국민속대백과사전-한국의식주생활사전: 댕기〉
11. 『구당서舊唐書』 신라전(『한국복식문화 고대』(채금석, 경춘사, 2017)에서 재인용)
12. 한국복식문화 2000년 조직위원회, 『우리 옷 이천 년』(미술문화, 2001)
13. 채금석, 『한국복식문화 고대』(경춘사, 2017)
14. 『영조실록』 87권(영조 32년, 1. 16)
15. 이덕무, 『사소절』(김종권 옮김, 명문당, 1987)
16. 『영조실록』 87권(영조 33년, 12. 16)
17. 정예희, 「조선시대 '복요'에 관한 연구」(단국대학교 석사학위논문, 2009)
18. 『정조실록』 26권(정조 12년, 10. 3)
19. 매기 팩스톤 머레이Maggie Pexton Murray, 『패션세계입문』(채금석 옮김, 경춘사, 1997)
20. 단국대 석주선기념박물관, 『한국 전통 어린이 복식』(단국대학교출판부, 2000)
21. 석주선, 『한국복식사』(보진재, 1971)
22. 한국학중앙연구원, 〈한국민족문화대백과사전: 너울〉
23. 유희경, 『한국복식사연구』(이화여자대학교출판부, 1980)
24. 『태조실록』 2권(태조 1년, 9. 21)
25. 채금석, 『세계화를 위한 전통한복과 한스타일』(지구문화사, 2012)
26. 정주란·김용문, 「조선전기 출토 여성복식의 유형과 특징에 관한 연구」(〈복식〉 제67권 1호,

2017. 01)
27. 이덕무, 『사소절』(김종권 옮김, 명문당, 1987)
28. 국립민속박물관, 『한국복식 2천년: 광복 50주년 기념』(신유문화사, 1995)
29. 『세종실록』(세종 2년, 9월)
30. 정성희, 『조선의 섹슈얼리티』(가람기획, 2009)
31. 이규태, 『한국여성의 의식구조 1』(신원문화사, 1993)
32. 이수광, 『조선여인 잔혹사』(현문미디어, 2006)
33. 채금석, 『세계화를 위한 전통한복과 한스타일』(지구문화사, 2012)
34. 한국학중앙연구원, 〈한국민족문화대백과사전: 무지기〉
35. 채금석, 『문화와 한디자인』(학고재, 2017)
36. 한국학중앙연구원, 〈한국민족문화대백과사전: 속옷〉
37. 정성희, 『조선의 섹슈얼리티』(가람기획, 2009)
38. 박윤미, 〈이야기가 있는 우리 옷〉(문화유산채널www.k-heritage.tv)
39. 이민주, 「조선 후기의 패션 리더-기생」(〈한국민속학〉 Vol. 39(No.1), 2004)
40. 손경희, 『조선이 버린 여인들』(글항아리, 2008)
41. 이민주, 「조선 후기의 패션 리더-기생」(〈한국민속학〉 Vol. 39(No.1), 2004)
42. 『정조실록』 35권(정조 16년, 9. 5)
43. 『세종실록』 3권(세종 1년, 1월), 『세종실록』 94권(세종 23년, 11월)
44. 손경희, 『조선이 버린 여인들』(글항아리, 2008)
45. 성율자, 『여인들의 한국사』(김승일 옮김, 페이퍼로드, 2010)
46. 정주란·김용문, 「조선전기 출토 여성복식의 유형과 특징에 관한 연구」(〈복식〉 제67권 1호, 2017)
47. 이자연·박춘순. 「조·일간의 교역품이 조선의 복식문화에 미친 영향 1: 일본으로부터의 수입품을 중심으로」(〈한국의류산업학회지〉 5권(4), 2003)
48. 유송옥, 『한국복식사』(수학사, 1998)
49. 유희경, 『한국복식문화사』(교문사, 1999)
50. 『세종실록』(세종 3년, 6월)
51. 이덕무, 『사소절』(김종권 옮김, 명문당, 1987)
52. 『선조실록』 38권(선조 26년, 5. 29)
53. 『중종실록』 45권(중종 17년, 8. 12)
54. 김종대, 『우리문화의 상징세계』(다른 세상, 2001)
55. 『증보문헌비고增補文獻備考』
56. 문화재청 무형문화재과, 『문화재대관 중요민속자료』(문화재청, 2006)
57. 『국혼정례國婚定例』

58. 국립민속박물관, 〈한국민속대백과사전-한국의식주생활사전: 원삼〉
59. 『상방정례尙方定例』「별례-인권」
60. 박가영, 『조선시대 궁중 패션』(민속원, 2017)
61. 『가례도감의궤嘉禮都監儀軌』
62. 『국조속오례의보 서례國朝續五禮儀補 序禮』
63. 이형상, 『병와집甁窩集』 5권
64. 유희경·김문자, 『한국복식문화사』(교문사, 2004)
65. 유희경, 『한국복식문화사』(교문사, 1999)(이정수·송명견, 「한복을 응용한 혼례복 디자인에 관한 연구」(〈복식〉 49호, 1999)에서 재인용)
66. 한국학중앙연구원, 〈한국민족문화대백과사전: 혼례복〉
67. '[조선의 잡史]머리-화장-주례까지… 만능 결혼식 도우미'(동아일보 2018. 02.18)
68. 국립민속박물관, 〈한국민속대백과사전-한국의식주생활사전: 색동저고리〉
69. 국립민속박물관, 〈한국민속대백과사전-한국의식주생활사전: 색동저고리〉
70. 한국학중앙연구원, 〈한국민족문화대백과사전: 돌복〉
71. 단국대학교 석주선기념박물관, 『한국 전통 어린이 복식』(단국대학교출판부, 2000)
72. 한국학중앙연구원, 〈한국민족문화대백과사전: 노리개〉
73. 최정, 「공신부인 한씨에게 전달된 물품 및 출토복식 분석을 통한 15세기 조선 사대부가 여성복식 고찰과 착장 고증」(〈복식〉 제66권 7호, 2016. 11)
74. 『성종실록』 136권(성종 12년, 12. 22)
75. 허동화, 『우리가 정말 알아야 할 우리 규방 문화』(현암사, 2006)
76. 허동화, 『우리가 정말 알아야 할 우리 규방 문화』(현암사, 2006)
77. 한국학중앙연구원, 〈한국민족문화대백과사전: 주머니〉
78. 허동화, 『우리가 정말 알아야 할 우리 규방 문화』(현암사, 2006)
79. 이규태, 『한국여성의 의식구조 2』(신원문화사, 1993)
80. 유희경, 『한국복식사연구』(이화여자대학교출판부, 1975)
81. 손경희, 『조선이 버린 여인들』(글항아리, 2008)
82. 한국학중앙연구원, 〈한국민족문화대백과사전: 버선〉
83. 채금석, 『한국복식문화 고대』(경춘사, 2017)
84. 김영숙, 『한국복식문화사전』(미술문화, 1998)
85. 〈두산백과 두피디아: 버선〉(https://www.doopedia.co.kr/)
86. 유희경, 『한국복식문화사』(교문사, 1999)
87. 정수경, 「전통조형물에 적용된 바시미 구조를 응용한 디자인 연구: 해체주의 이론적 접근」(경희대학교 석사학위논문, 2005)
88. 채금석, 『문화와 한디자인』(학고재, 2017)

89. 강준만, 『교양영어사전 1』(인물과사상사, 2012)
90. 한국문학평론가협회, 『문학비평용어사전 상, 하』(국학자료원, 2006)
91. 강준만, 『교양영어사전 1』(인물과사상사, 2012)
92. 한국학중앙연구원, 〈한국민족문화대백과사전: 말군〉(http://encykorea.aks.ac.kr/)
93. 유희경·김문자, 『한국복식문화사』(교문사, 2004)
94. 고복남, 『한국 전통 복식사 연구』(일조각, 1986)
95. 이능화, 『조선여속고』(한국학연구소, 1977)
96. 『성종실록』 204권(성종 18년 6. 2)
97. 채금석, 『한국복식문화 고대』(경춘사, 2017)
98. 매기 팩스톤 머레이Maggie Pexton Murray, 『패션세계입문』(채금석 옮김, 경춘사, 1997)
99. 한국학중앙연구원, 〈한국민족문화대백과사전: 진신〉
100. 허동화, 『우리가 정말 알아야 할 우리 규방 문화』(현암사, 2006)
101. 허동화, 『우리가 정말 알아야 할 우리 규방 문화』(현암사, 2006)
102. 박영규·김동우, 『목칠공예』(솔출판사, 2005)
103. 이행화·박옥련, 「근세 일본과 한국의 화장 문화 비교」(〈일본근대학연구〉 29, 한국일본근대학회, 2010)
104. 전완길, 『멋 5000년』(교문사, 1980)
105. 한정아, 「전통적 한국미의 조형성과 Make-up & Coodination에 관한 연구: 조선 미인화에 나타난 미적 요소를 중심으로」(한양대학교 석사학위논문, 2000)
106. 정용희·이현옥, 「전통화장문화에 나타난 연지의 변천에 관한 고찰」(〈복식문화연구〉 6(1), 복식문화학회, 1998)
107. 전완길, 『한국화장문화사』(열화당, 1987)
108. 유희경, 『한국복식사연구』(이화여자대학교 출판부, 2002)
109. 정용희·이현옥, 「전통화장문화에 나타난 연지의 변천에 관한 고찰」(〈복식문화연구〉 6(1), 복식문화학회, 1998)
110. 전완길, 『한국화장문화사』(열화당, 1987)
111. 한국학중앙연구원, 〈한국민족문화대백과: 화장〉

二 그녀들의 방

1. 규장각한국학연구원 엮음, 『조선 여성의 일생』(글항아리, 2014)
2. 조자현, 「조선 후기 규방가사에 나타난 여성의 경제현실 및 세계인식」(한양대학교 박사학위논문, 2012)

3. 규장각한국학연구원 엮음, 『조선 여성의 일생』(글항아리, 2014)
4. 김지현, 「규합총서閨閤叢書의 민속 관련 구비전승의 연구」(전남대학교 박사학위논문, 2016)
5. 조자현, 「조선 후기 규방가사에 나타난 여성의 경제현실 및 세계인식」(한양대학교 박사학위논문, 2012)
6. 이임하, 『한국 여성사 편지』(책과함께어린이, 2009)
7. 김현숙, 『조선의 여성, 가계부를 쓰다』(경인문화사, 2018)
8. 조자현, 「조선 후기 규방가사에 나타난 여성의 경제현실 및 세계인식」(한양대학교 박사학위논문)
9. 신정연, 「조선후기 규방문화에서 치산활동의 전개과정」(성균관대학교 석사학위논문, 2014)
10. 조자현, 「조선 후기 규방가사에 나타난 여성의 경제현실 및 세계인식」(한양대학교 박사학위논문, 2012)
11. 이덕무, 『사소절』(김종권 옮김, 명문당, 1987)
12. 조자현, 「조선 후기 규방가사에 나타난 여성의 경제현실 및 세계인식」(한양대학교 박사학위논문, 2012)
13. 규장각한국학연구원 엮음, 『조선 여성의 일생』(글항아리, 2010)
14. 규장각한국학연구원 엮음, 『조선 여성의 일생』(글항아리, 2010)
15. 규장각한국학연구원 엮음, 『조선 여성의 일생』(글항아리, 2010)
16. 이임하, 『한국 여성사 편지』(책과함께어린이, 2009)
17. 이배용, 『역사에서 길을 찾다』(행복에너지, 2021)
18. 박현숙, 「조선 시대 사대부들의 여성문학 인식」(『韓國思想과 文化』 제47집(한국사상문화학회, 2009)
19. 조자현, 「조선 후기 규방가사에 나타난 여성의 경제현실 및 세계인식」(한양대학교 박사학위논문, 2012)
20. 유영소, 『박씨부인전: 반전을 꿈꾸다』(미래엔아이세움, 2012)
21. 유영소, 『박씨부인전: 반전을 꿈꾸다』(미래엔아이세움, 2012)

三 조선패션명품

1. 허동화, 『우리가 정말 알아야 할 우리 규방 문화』(현암사, 2006)에서 재인용
2. 채금석, 『문화와 한디자인』(학고재, 2017)
3. 조연숙, 「조선 시대 조각보와 몬드리안의 색면 추상의 비교 고찰」(원광대학교 석사학위논문, 2012)
4. 임상임·안명숙, 『전통 매듭공예』(2006, 교문사)

5. 채금석, 『한국복식문화 고대』(경춘사, 2017)
6. 채금석, 『문화와 한디자인』(학고재, 2017)
7. 〈두산백과 두피디아: 주머니〉
8. 〈두산백과 두피디아: 주머니〉
9. 〈두산백과 두피디아: 주머니〉

四 한복본색

1. 채금석, 『한국복식문화 고대』(경춘사, 2017)
2. 이중재, 『기란 물과 빛과 소리』(명문당, 1998)
3. 채금석, 『문화와 한디자인』(학고재, 2017)
4. 김선호·김미령. 『옷본』(동문선, 2008)
5. 정혜경, 「조선 시대 저고리의 구성 원리에 관한 고찰」(〈한국의류학회지〉 1988, 12(1))
6. 이중재, 『기란 물과 빛과 소리』(명문당, 1998)
7. 채금석, 『문화와 한디자인』(학고재, 2017)
8. 채금석, 『문화와 한디자인』(학고재, 2017)
9. 이중재, 『기란 물과 빛과 소리』(명문당, 1998)
10. 임정빈, 『우주의 비밀과 현대물리철학 이야기』(코람미디어, 2016)
11. 채금석, 『문화와 한디자인』(학고재, 2017)
12. 권일찬, 『동양학 원론』(한국학술정보, 2012)
13. 채금석, 『문화와 한디자인』(학고재, 2017)
14. 이중재, 『기란 물과 빛과 소리』(명문당, 1998)
15. 채금석, 『문화와 한디자인』(학고재, 2017)

16p 삼추가연, 혜원전신첩, 간송미술관 소장

19p 망건 ©차연정 | 바둑탕건 ©김경희

23p 망건/동곳, 국립중앙박물관 소장

25p 댕기, 국립민속박물관 소장

29p 은입사 진주 칠보장식 꽃비녀, 국립중앙박물관 소장 | 떨잠/첩지/뒤꽂이/매죽잠, 국립민속박물관 소장

30p 큰머리 여인(김홍도, 공유마당, CC BY), 서울대박물관 소장

33p 다리, 국립고궁박물관 소장 | 큰머리 장식, 국립중앙박물관 소장

38p 굴레 ©김인자

45p 아얌/조바위/풍차, 국립중앙박물관 소장 | 굴레 ©김인자

46p 가례도감의궤, 국립중앙박물관 소장 | 신윤복필 여속도첩(장옷 입은 여인/전모 쓴 여인/처네 쓴 여인), 국립중앙박물관 소장

49p 쓰개치마, 국립대구박물관 소장 | 장옷 ©김인자

51p 연소답청, 혜원전신첩, 간송미술관 소장

52p-53p 솜저고리 ©조정화 | 덕온공주 삼회장저고리 ©채금석

54p 단양 우씨 화보문 삼회장저고리/삼회장저고리 ©채금석

56p 고려 귀부인상 저고리/양천 허씨 저고리/순천 김씨 목판깃저고리 ©채금석

58p 안동 김씨 누비저고리/구례 손씨 당코깃 솜저고리/조선 후기 삼회장저고리/흰색 공단 솜저고리 ©채금석

62p 김덕령 장군 무명저고리/전 박장군 저고리/완산 최씨 당코깃저고리/김덕원 묘 출토 아자문저고리 ©채금석

65p 미인도(작자 미상), 국립동경박물관 소장

72p 미인도(작자 미상), 동아대학교 석당박물관 소장 | 미인도(파평 윤씨 종가), 간송미술관 소장 | 머리에 다이아몬드별을 꽂은 오스트리아 황후 엘리자벳(프란츠 빈터할터), 호프부르크 왕궁 소장 | 발렌시아가 1957 겨울 콜렉션 ©Balenciaga

74p 영친왕비 명주 가슴가리개, 국립고궁박물관 소장 | 조끼허리 치마/쓰개치마, 국립민속박물관 소장

75p 당의와 스란치마 착장 모습/치맛자락 올려 묶은 모습 ©채금석

83p 단오풍정, 혜원전신첩, 간송미술관 소장

84p 살창고쟁이 ©정인순

87p 미인도(신윤복), 간송미술관 소장
90p 다리속곳/단속곳/속바지/속적삼, 국립민속박물관 소장
93p 모시속적삼 ©김소희
95p 계월향 초상(작자 미상), 국립민속박물관 소장
99p 혜원전신첩(휴기답풍/단오풍정/청루소일/월야밀회), 간송미술관 소장
102p 혜원전신첩(야금모행/쌍검대무/주유청강), 간송미술관 소장
104p 조반부인 초상(작자 미상), 국립중앙박물관 소장
105p 누비방령상의 ©이태선
106-107p 금사활옷 ©최정인
108-109p 당의 ©배성주 | 단령 ©이민정
110p 털배자 ©이덕숙
115p 흉배 ©최정인 | 청녹단령, 국립민속박물관 소장
117p 말군, 인천시립박물관 소장
118p 혜원전신첩(연소답청/문종심사), 간송미술관 소장
121p 연소답청, 혜원전신첩, 간송미술관 소장
122p 누비장옷 ©김재은
127p 인물사진엽서, 국립민속박물관 소장
132p 흥선대원군 조복 ©신애자
134p 홍원삼 ©박영애
136p 전 고종배자 ©김윤희
140p-141p 영친왕비 도류불수문단 부금 당의/영친왕비 삼회장저고리, 국립고궁박물관 소장 | 영친왕비 운봉문직금단 홍원삼/영친왕비 별금숙고사 부금 자적대란치마/영친왕비 족두리/영친왕비 길상문직금단 전행웃치마, 국립고궁박물관 소장
148p 활옷 ©김태자
151p 도투락댕기, 국립민속박물관 소장
152p 활옷 자수 ©김태자
157p 돌띠 ©서인홍 | 수돌띠 ©김현희
161p 순종 왕세자 책봉 교명, 국립중앙박물관 소장
162p 여아 색동저고리, 국립민속박물관 소장 | 남아호건/여아댕기, 한국색동박물관 소장 | 여아혜/남아혜 ©황해봉
164p 풍차바지, 국립민속박물관 소장 | 타래버선, 국립고궁박물관 소장
165p 대삼작 노리개 착장 ©노미자
167p 귀주머니 ©김혜순
168-169p 대삼작 노리개 ©김혜순 | 대삼작 노리개 ©노미자

170-171p 선낭과 향낭 1쌍 ©노미자 | 금은장갖은원형도 ©박종군

175p 백옥향갑 외줄노리개/자라줌치 노리개/수향갑 외줄노리개/은삼작 노리개 ©김혜순

176p 수안경집/선추 ©김혜순 | 금은장나전끊음질 첨자도 ©박종군

180p 쌍검대무, 혜원전신첩, 간송미술관 소장

182p 기마인물형 토기, 국립중앙박물관 소장

188p 성하직구, 김득신필 풍속도 화첩, 간송미술관 소장

189p 목단수혜/십장생수혜 ©황해봉

190p 제혜/태사혜 ©황해봉

192p 온혜/당혜 ©황해봉 | 수혜 ©이명애

194p 징신/나막신, 국립민속박물관 소장 | 미투리, 온양민속박물관 소장

196p 채용신필 운낭자 초상, 국립중앙박물관 소장

200p 사녀도(김홍도), 국립중앙박물관 소장

207p 「시경」의 빈풍칠월편(이방운), 국립중앙박물관 소장

208-209p 홍화염색 ©남혜인 | 양각 반짇고리 ©윤소희 | 수보자기 ©김현희

213p 신윤복필 여속도첩(어물장수), 국립중앙박물관 소장

214p 김홍도필 풍속도 화첩(빨래터/길쌈), 국립중앙박물관 소장 | 「시경」의 빈풍칠월편, 국립중앙박물관 소장

218-219p 십장생도 10폭 자수 병풍 ©최정인 | 자수 사계분경도 ©김현희

223p 독서하는 여인(윤덕희), 서울대학교박물관 소장

229p 규합총서/허난설헌 시집/전 신사임당필 초충도/전 신사임당필 화접도, 국립중앙박물관 소장

237p 목단문 수보자기 ©김현희 | 화조문 수보자기 ©김지형

238p 수보자기 ©김현희

243p 수조각보 ©김현희

244-245p 자수조각보 ©손을지 | 길상문 조각보 ©서인홍

255p 팔각목판보(1)/여의주문보(2)/옷보(5)/조각보(6), 한국자수박물관 소장 | 조각보(3)/조각보(4), 국립민속박물관 소장

258-259p 신임세조대 ©김혜순 | 외줄노리개 ©노미자

260p 밀화, 수, 청옥향갑 외줄노리개 ©김혜순

263p 나비매듭/네벌감개매듭/삼정자매듭/잠자리매듭/병아리매듭/십일고매듭, 국립민속박물관 소장

267p 두루주머니 ©김혜순

268p 귀주머니 1쌍 ©노미자

273p 향낭/필낭 ©김혜순 | 붓주머니와 약주머니 ©이영란

314-315p 강대호포일습 ©김명자

조선패션본색

우리가 지금껏 몰랐던 한복의 힘과 멋

지은이	채금석
펴낸곳	지식의편집
편집	김희선
디자인	손현주
등록	제2024-000018호(2020년 4월 10일)
주소	인천 중구 율목로 32번길 6-2 301
이메일	Jisikedit@gmail.com
1판 1쇄	2022년 11월 15일
1판 3쇄	2024년 12월 10일
ISBN	979-11-970405-6-6 03590

이 도서는 한국출판문화산업진흥원의 '2022년 우수출판콘텐츠 제작 지원' 사업 선정작입니다.